日与夜系列百科丛书

湿地里的日与夜

［英］杰勒德·切希尔 / 著

张一帆 / 译

中国青年出版社
CHINA YOUTH PRESS　中青幼狮

如何使用该书

1 第6~7页介绍了湿地里的白天。

2 翻开折页左右两边的襟翼，能看到第8~11页，这是一幅关于湿地白天的4页全景图。

3 第12~19页详细介绍了湿地里的日行性动物，这些动物在第8~11页的全景图中都曾出现过。

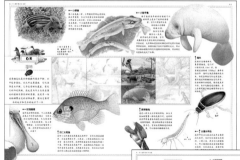

4 第20~21页是湿地白天全景图的快捷指南，每种动物旁边都标有序号，上方及下方的文字说明能帮助小朋友快速复习之前学习过的每一种动物。

5 "湿地的夜晚"也可以按照以上方法阅读。祝大家的湿地之旅愉快！

目录

白天

夜晚

白天

湿地是常年或一年中的某段时间会被淡水或咸水覆盖的地方。树木和灌木在湿地中生长,许多动植物也以此作为生活的家园。湿地中只有一些动物在白天活动,大多数树栖动物和两栖类动物都是在夜幕降临时才外出觅食。

▲ 沼泽树

这是一种生长在湿地里的树木,已经适应了湿地的环境特点。它们的根部会不断伸展,形成强大的根基,所以这种树从来都不会倒下。

▲ 红树属树木的根部

要说湿地中哪种树木最常见,那一定是红树属树木了。红树属树木隐藏在水下的根部错综复杂,对鱼儿和其他动物来说简直是完美的藏身之处。红树属树木的种子较长,它们会从树上落下来,像矛一样扎进泥土里。

◄ 地图

地图展示的是世界上所有被发现的湿地在全球的分布情况。湿地包括各种咸水淡水沼泽、河边洼地、泥炭地、河口三角洲等。这些湿地会随着气候和海水酸碱度的改变而发生巨大变化。

▲ 湿地边缘

无论是白天还是晚上,短吻鳄、凯门鳄等各种鳄鱼均活动频繁,这意味着鹿和其他动物外出喝水需要非常小心,以免被鳄鱼拖入水中吃掉。

▲ 粉红琵鹭

这种鸟擅长涉水,它的嘴巴很灵敏,仅仅是从沼泽上掠过,就能发现食物。一旦发现鱼和青蛙,它会马上将它们捉住。从上图可以看出,这种鸟的喙部前端很像一把勺子,可以将猎物牢牢地衔住。和火烈鸟一样,它的羽毛也是粉色的。

◄ 龟

两栖类爬行动物,如海龟、淡水龟,以及真正的两栖类动物,如青蛙、蟾蜍、蝾螈,它们在湿地中的数量非常丰富。这是因为它们已进化到完全能够适应这种居住环境。

▶ 开阔水域

绝大多数的捕食者都喜欢在湿地边缘的浅滩找寻食物，所以对于像鸭子这样的水鸟来说，开阔水域的深水处是再安全不过的地方了。图中，一只燕尾鸢（yuān）正在水面上空飞行。这些飞行姿态各异的鸟类可以在半空中吃虫子，也可以捕获小鸟、爬行动物和两栖动物。

▲ 翠鸟

与鹭和其他涉水鸟类相比，翠鸟有个优势，那就是它们能从高处俯冲入水中捕鱼，无论水有多深。它们捕鱼的时候总是出其不意，没有任何征兆地突然潜入水中。

▲ 高地

臭鼬通常会选择在湿地中位置较高的地方生活，因为它们需要在地下的巢穴中养育宝宝。如果这个地方被水淹没，后果不堪设想，对臭鼬爸爸、妈妈和宝宝们来说都是一场灾难。

▶ 蛾

蛾和大多数生活在湿地中的昆虫一样，会通过自身的伪装来避免被捕食者发现。

◀ 沼泽地

海牛、儒艮（gèn）是生活在水中的哺乳动物，与鲸鱼、海豚一样。不同之处是海牛和儒艮是食草类哺乳动物，它们吃生长在沼泽地中的水草。因为这个原因，它们有时也被称为水牛。

▼ 蚊子幼虫和蛹

蚊子是昆虫纲双翅目家族中的一员，它们只有一对翅膀。众所周知，雌蚊会叮咬人类和其他动物，以他（它）们的血为食，通过这样的方式以达到产卵的目的。卵会产在水面上，然后孵化成幼虫（如左图）。幼虫通过其尾部的两个气孔呼吸。当幼虫变成蛹（下图）时，它就开始通过触角呼吸了。

◀ 红腹啄木鸟

这种啄木鸟因为其发出的敲打声而被大家所知。它的喙不仅可以凿开木头寻找昆虫幼虫、建造巢穴，同时也可用于交流。这种鸟会发出一连串的敲打声，声音回荡在森林各处，通过这样的方式，其他啄木鸟就能知道它们在哪里了。

白天

湿地边缘

湿地边缘，即水陆交汇的地方，也叫"过渡性"栖息地。这是两栖动物进入水中的地方，也是它们离开水面的地方。动物们在这里喝水，生活在水边的捕猎者在这里找寻食物。这里是湿地中最繁忙、动物最集中的地方。

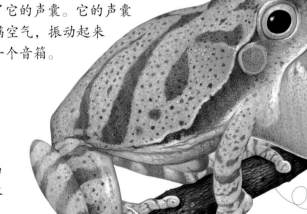

▶ 春雨蛙

春雨蛙在交配的时候会发出十分响亮的叫声。这种蛙仅能长到25毫米长，但是它的叫声却能传播到很远，这多亏了它的声囊。它的声囊充满空气，振动起来像一个音箱。

▲ 平角卷螺（苹果螺）

平角卷螺的名字与其外壳的形状有关，因为它的壳看起来就像卷起的羊角。它可以在水中呼吸空气，但偶尔也要到水面上来换气。

春雨蛙的趾又大又有黏性，有利于爬行。

▼ 林鸳鸯（雄性）

林鸳鸯是一种小型树栖鸟，因为和其他鸭科动物不同，它们栖息在树上。它们的窝一般都建在较高处的树洞里，这样可以使它们的鸟蛋不被捕食者侵袭。刚孵化出来的鸭宝宝必须从树上跳入水中，才能和它们的爸爸妈妈一起嬉戏。

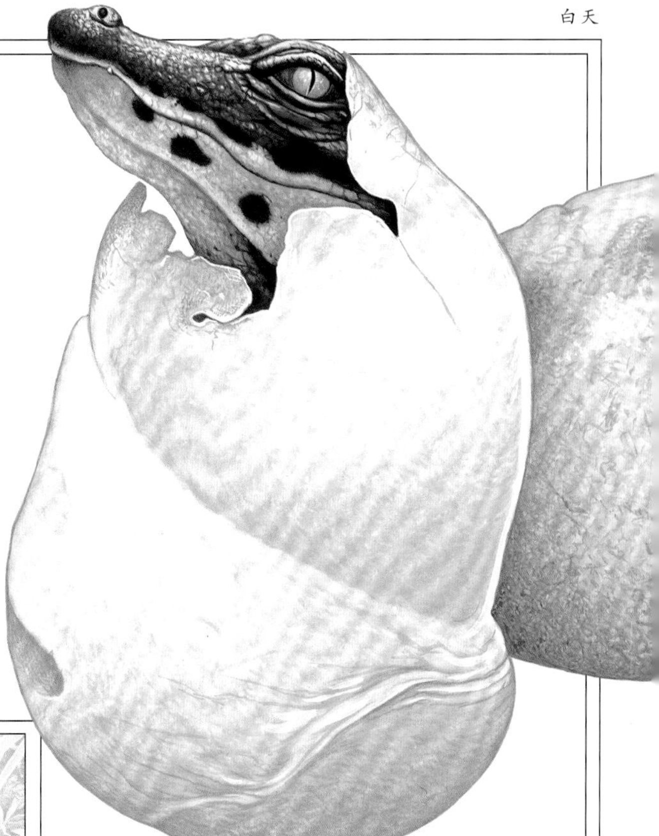

▲ 正在孵化的美国短吻鳄

短吻鳄的性别取决于卵孵化时的温度。孵化温度为28°c~30°c时为雌性；温度为32°c~34°c时为雄性；温度在两者之间则雌雄都有；如果温度高于或低于所需温度，则不会孵化出小鳄鱼。

灵活的上颌

◀ 小白尾鹿

这种鹿的尾巴大多数时候都是垂下的，所以很难被发现。但有紧急情况发生时，它的尾巴就会向上翘起（如下图），同时露出尾部白色的毛。这是为了提醒其他同伴危险将至，同时作为一个标记，引导鹿群一起朝安全地带撤离。小鹿的身上有斑点，能够把自己隐蔽起来，躲避捕食者的捕杀。

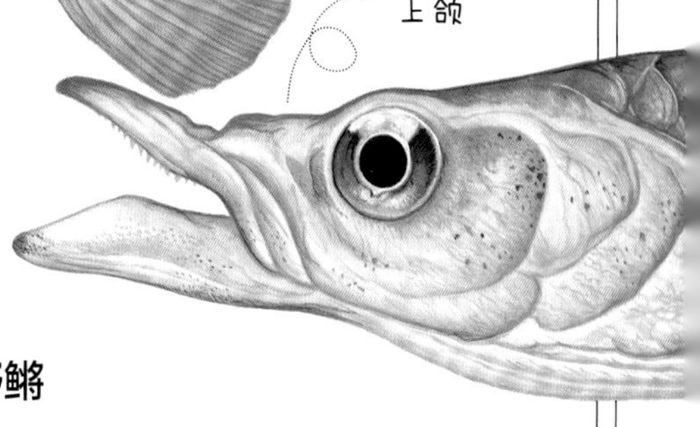

▶ 鲟鲦

鲟鲦（yú jiāng）的头部像梭子，它的上颌很灵活，所以它能从猎物的下方将其捕获。它的尾部有眼点（又叫眼纹），这样可以混淆捕食者的视线，把鱼尾误认为是头部，这样它就可以利用捕食者短暂的疏漏迅速逃离到安全的地方。

◀ 大口黑鲈

通过名字你就能想象到它的外形，没错，这种鱼有一张非常大的嘴，它就是利用这张大嘴来捕捉其他鱼类，使其无处逃生。事实上，这种鱼会把移动的生物统统吸入口中，包括小鸭子和青蛙。而那些根本不能消化的物体，大口黑鲈会把它再吐出来。

▶ 果核龟

这种龟身材很小，身长只有10厘米，以蠕虫和生活在沼泽最底部淤泥中的无脊椎动物为食。当这种龟遇到危险时，它会把头和四肢完全缩进龟壳内。

白天

开阔水域

开阔水域可以提供不同类型的栖息地。各种生物有的生活在水面上层，有的生活在水面下层，有的生活在水面表面，还有的则生活在最底部的淤泥中。对于水本身而言，由于深度不同，环境也不同。水域的深处几乎得不到阳光，所以很少有植物和动物生活在这里。

▼ 食蚊鱼

从它们的名字不难推测，这种鱼专吃蚊子的幼虫和蛹。它们主要生活在美国和墨西哥。由于蚊子会引发多种疾病，世界上的其他国家也会引进这种食蚊鱼来减少蚊子的成活率。食蚊鱼是一种小型鱼，通常在浅水处寻找适合它们的食物。

◀▲ 白头海雕

白头海雕是美国的象征，主要捕食鱼类。它们更喜欢大面积的开阔水域，因为那里的鱼又大又肥，更值得捕食。白头海雕的食欲非常好，是大胃王。一对白头海雕需要很大一片栖息地才能找到足够多的食物来满足它们的家庭所需。

◀ 燕尾鸢

和所有鸢科鸟类一样，这种鸟有个分叉的尾巴，飞行时其特征非常明显。这种鸟能很好地适应湿地生活，它们甚至能在掠过水面的瞬间喝水。

▲ 蝌蚪（青蛙幼体）

青蛙每年可以产成百上千甚至成千上万只小蝌蚪。但是，它们当中只有一小部分可以长大成为青蛙。因为许多水生生物都把蝌蚪当做食物，从鱼到蜻蜓若虫到甲虫，它们都吃小蝌蚪。这就是为什么很多蝌蚪不能变成青蛙的原因。

◀ 鳄雀鳝

与小小的食蚊鱼相比，鳄雀鳝就是个超级大魔鬼！它足有3米长，属于古老的史前鱼类。这种鱼的鱼鳍里有很薄的骨头。鳄雀鳝非常适合在湿地中生活，它能够以呼吸空气的方式在陆地上生存长达2小时。这意味着它可以穿过较高的地面寻找淡水。

▲ 美洲蛇鹈

这种鸟因飞行速度快而出名，也叫冲鹈（tí）或美洲蛇鸟，它可以在水下用喙刺穿鱼的身体。为了更容易地捕到鱼，它们必须要深入水中，所以翅膀就会被浸湿。捕鱼结束后，由于其羽毛并不防水，它们需要将翅膀弄干才能继续飞行。

而大多数鱼类不同，食蚊鱼并不产卵，而是直接产下小鱼

◀ 小野猪

像小白尾鹿一样，小野猪的背部也有条纹、斑点等图案。这种图案如同穿过树林照射到地面上的一缕缕阳光，可以起到很好的伪装作用，防止小野猪被美洲狮等捕食者发现。

小狗鱼会吃掉同类，它能够吃下几乎和自己一样大的其他狗鱼

白天

湿地

这类栖息地在水中和岸边都生长着植物。它比沼泽地更为开阔，几乎没有树木覆盖，因此有充足的阳光，这也是生长在湿地的植物都长势良好的原因。这里是另一块动物频繁出没的区域，因为它既有水源又有陆地。

◀ 粉红琵鹭

粉红琵（pí）鹭的嘴形很特殊，可以找到藏在泥土中的青蛙和昆虫。它捕食的时候通常微张着嘴巴，在水中摇晃脑袋，一旦发现猎物，马上将嘴闭合。如果它的嘴巴很窄，捕食的成功率就会大大降低了。

▲ 驼背太阳鱼

这种小太阳鱼的形状很像南瓜籽。它们生活在温暖的、长满水草的水中，以昆虫、小型软体动物和其他小鱼为食。春天的时候，雄性太阳鱼会在水底建一个窝，等待雌性太阳鱼来交配产卵。此后雄性太阳鱼会一直守护着鱼卵，直到鱼宝宝出生。鱼宝宝出生后的前几周也是由鱼爸爸悉心照料的。

◀ 小狗鱼

狗鱼在年幼的时候就可以称得上是水下致命的捕食者。在刚出生的时候，它们以无脊椎动物为食，但它们很快就长大到可以吃其他鱼类，它们残暴到连自己的兄弟姐妹也不会放过。大家都知道鱼类的鳞是非常光滑、不易捉住的，但狗鱼的牙齿锋利无比，所以可以轻松捕获任何它们想要捕获的食物，然后将其整吞或先吃下头部。

▲ 海牛

这种水生动物和大象有着亲缘关系。它们可以长到3米长，体重900公斤，寿命长达60年。海牛生活在温暖的浅水处，但是在那里它们也有危险，因为驶过的船舶会把它们弄伤。海牛的游泳速度并不快，来不及躲避过往船舶，因此身上总会留有许多由船体和船桨造成的伤疤。

▼ 白腹鱼狗

这是一种又大又爱吵闹的翠鸟。和大多数如林鸳鸯一样的鸟类不同，这种鸟类雌鸟的身体颜色往往比雄鸟艳丽。这是因为雌鸟把窝搭建在树洞里，可以很好地躲避捕食者，因此雌鸟不需要伪装自己。

成虫

幼虫

◀▲ 龙虱

这种甲虫从幼虫到成虫都很能吃，它们能吃掉蝌蚪、小鱼，因为它的嘴巴很大，所以捕食这些动物轻而易举。它们是昆虫，需要呼吸空气，即使在水中生活也一样。

◀**佛罗里达树蜗牛**

佛罗里达树蜗牛的壳会根据它的食物和住所而发生改变。这种树蜗牛的壳大概有60多种不同的图案、颜色和大小，但形状都相同。颜色从深棕色、浅白色到醒目的粉色条纹、黄色条纹和绿色条纹都有。

▼**斑点钝口螈**

虽然蝾螈是两栖动物，但它们只在水中繁殖，其余时间都在高地潮湿的落叶层上生活。斑点钝口螈喜欢在临时出现的池塘里繁殖，因为那些地方很少有捕食者潜伏。

白天

高地

沼泽和湿地的中间地带是岛和高地。它们的大小取决于降雨量——有些地方在雨季时被淹没在水下，旱季来临时才会露出水面；还有许多高地被树木和灌木丛覆盖，是大多数哺乳动物的居所。

▲**雀鳝**

雀鳝可以生活在没有足够氧气的水中，这些地方并不适合其他鱼类生存，但它有气囊可以吸取空气中的氧气。这种鱼的鱼鳞很硬，呈钻石状，可以充当甲片保护自己。

▶**臭鼬**

这种动物很出名是因为它能喷射出一种很臭的气体，这种气体是从它尾巴根部的腺体喷出的。这种气体的气味非常难闻，以至于捕食者和人类都不想接近它。不过它们很乖顺，是一种很好的宠物。

◀ 凤梨花

凤梨科植物是菠萝家族的成员。许多凤梨科植物生长在其他植物上，通常是树木上，以便照射到阳光。它把根扎在树皮中吸收养分。

凤梨科植物在树皮和绞杀榕之间生长

▲ 角鳖

这种龟的外壳无鳞，也不够坚硬，而是皮质的。身体可达30厘米长，但它的身体非常扁，像一张松饼那么薄。它可以生活在非常浅的池塘里，在那里，它们用通气管一样的锥形鼻子呼吸。

▶ 绞杀榕

这种植物会爬到树上以接受阳光照射。一旦能够支撑自己，它就会把它所依附的大树绞死。通过这样的方法，绞杀榕可以吸收所有阳光，产下种子。

▶ 美国绿树蛙

这是一种很受欢迎的宠物蛙，在花园池塘中非常常见。和春雨蛙一样，它们用下巴处鼓起的声囊交流。白天它们就平躺在绿色的叶子上，这样可以很好地把自己隐蔽起来。

白天

全景图快捷指南

如果你想要识别湿地白天全景图中的动物，请使用下面这些关键数字。其中绝大数动物都在全景图之后的第12~19页中重点介绍过。

11. 黄条袖蝶

    生命周期长达6个月，是寿命最长的蝴蝶之一。

12. 双冠鸬鹚

    双冠鸬鹚的羽毛并不防水，所以它们捕鱼之后必须把自己的翅膀晒干。

13. 虎凤蝶

    这种美丽的昆虫也可以是深蓝灰色的。

1. 鸣角鸮

    这种小型猫头鹰主要以无脊椎动物，如昆虫、蜘蛛和蚯蚓为食。

2. 春雨蛙

3. 林鸳鸯（雄性）

4. 鲟鲈

5. 美国短吻鳄

6. 平角卷螺

7. 固蜻

    这种水生昆虫以小型无脊椎动物为食，包括蚊子的幼虫。

8. 帆鳍玛丽

    这种小鱼生活在咸水中（淡水和海水混合的水域）。

9. 白尾鹿

10. 红腹啄木鸟

14. 大蓝鹭

    这种蓝灰色的大鸟是北美体型最大、分布最广泛的鸟类。它会用锋利的喙将鱼或两栖动物刺穿，然后将它们整吞。

15. 美洲蛇鹈

16. 蝌蚪

17. 食蚊鱼

18. 大口黑鲈

19. 果核龟

20. 鳄雀鳝

21. 白脸树鸭

　　这种树鸭会一直保持直立脖子的姿势，所以它能看到高草中的捕食者。

22. 燕尾鸢

23. 白头海雕

24. 白腹鱼狗

　　它们擅长借助姿势和颜色模仿芦苇的茎。

29. 粉红琵鹭

30. 紫朱雀

　　这种鸟看起来好像从头至尾被红墨水浸泡过一样。

31. 美国绿树蛙

32. 浣熊

　　浣熊在北美分布广泛，它们能适应多

38. 雀鳝

39. 驼背太阳鱼

40. 海牛

41. 狗鱼

42. 龙虱

43. 黑水鸡

　　这种鸟类除了澳洲和南极洲没有，其他地方均有分布。

44. 臭鼬

25. 林鹳

　　这种鸟的头部和颈部没有羽毛。

26. 野猪

27. 红翅黑鹂（雄性）

　　雄性红翅黑鹂会疯狂保卫自己的领地。雌性红翅黑鹂颜色灰暗，可以很好地隐藏在鸟巢中不被发现。

28. 姬苇鳽（jiān）

　　这种鸟在芦苇丛中很难被发现。因为

种不同的生存环境。

33. 佛罗里达树蜗牛

34. 角鳘

35. 豆娘

　　豆娘的幼虫捕食水中的小昆虫。

36. 斑点钝口螈

37. 眼点丽鱼

　　这种小型鱼类体长通常为7.5厘米，最大可长到15厘米。

45. 丑鸭（雄性）

　　这种鸭子在湿地中非常罕见，它们更喜欢待在寒冷的沿岸地区。

46. 蚊子的幼虫和蛹

47. 绞杀榕

48. 凤梨科植物

夜晚

▼ 小短吻鳄

小短吻鳄吃小鱼、两栖动物和无脊椎动物。当它们越长越大，它们便开始吃大的猎物。但同时也有大约一半的小短吻鳄在出生第一年就被成年短吻鳄吃掉。

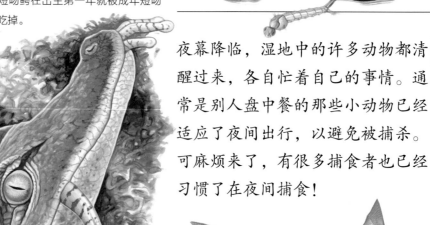

夜幕降临，湿地中的许多动物都清醒过来，各自忙着自己的事情。通常是别人盘中餐的那些小动物已经适应了夜间出行，以避免被捕杀。可麻烦来了，有很多捕食者也已经习惯了在夜间捕食！

▲ 蝙蝠和蛾

蝙蝠以飞行类昆虫为食，尤其是甲虫和蛾。它们利用回声定位既可以准确地找到猎物，还能有效躲避飞行当中遇到的障碍物。它们发出高分贝的声音，这些声音遇到物体会反弹回来，通过辨识回声它们就可以识别飞行途中的障碍物。

▲ 水边

水陆相接的地方总是充满活力。一些动物从这里离开或是进入水中，还有一些动物则来这里喝水。此外，很多昆虫的幼虫在水中长大成熟后，它们会钻出水面，离开这里。

▲ 短吻鳄

短吻鳄的外貌经过千百年的进化几乎没有发生改变。它们通常都在夜间捕猎，因为这个时候比较容易。如果它捕到的猎物太大不能一次吃掉，它们就把猎物拉到水中待它腐烂，这样猎物就更容易被撕扯开。

◀ 开阔水域

水獭和鳄鱼是夜间开阔水域的活跃分子。水獭靠尾巴在水中灵活地游动，捕食鱼类，而鳄鱼更喜欢对那些没有防备的小动物展开突然袭击，它会突然出现并用它有力的大嘴将猎物一口咬住。

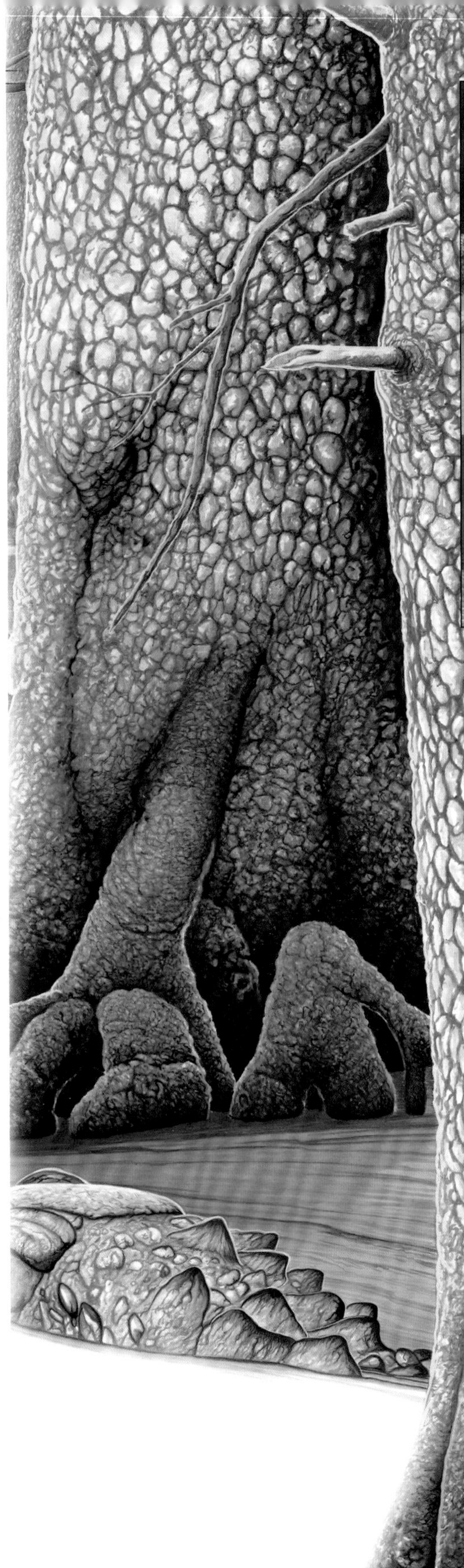

◀深水处

湿地的最深处总是阴郁黑暗的，因此黑夜和白天对于生活在这里的生物来说并没有什么区别。这里的底栖生物靠打扫残羹剩饭生活，它们的食物都是从水面上方漂落下来的。

▼沼泽灌木丛

灌木丛也许是湿地中最繁忙的地带了，因为许多动物都觉得藏身在灌木丛的根叶之间非常安全。这就意味着对捕食者来说同样能在这里找到丰富的食物。所以，这里几乎一天24小时都在发生着生命的斗争，并且天天如此。

▸树根

一些树木长势良好主要得益于它们的根部扎在湿地底部肥沃的土壤中。这些土壤包含丰富的营养肥料，而这些营养肥料都来自于腐烂的植物和死去的动物。反过来，树木的叶子又为动物们提供了食物。

◂鸣角鸮

湿地中的噪声通常都来自于鸣角鸮（xiāo）。这里有几种外形极其相似的鸣角鸮，但它们的叫声却极为不同。

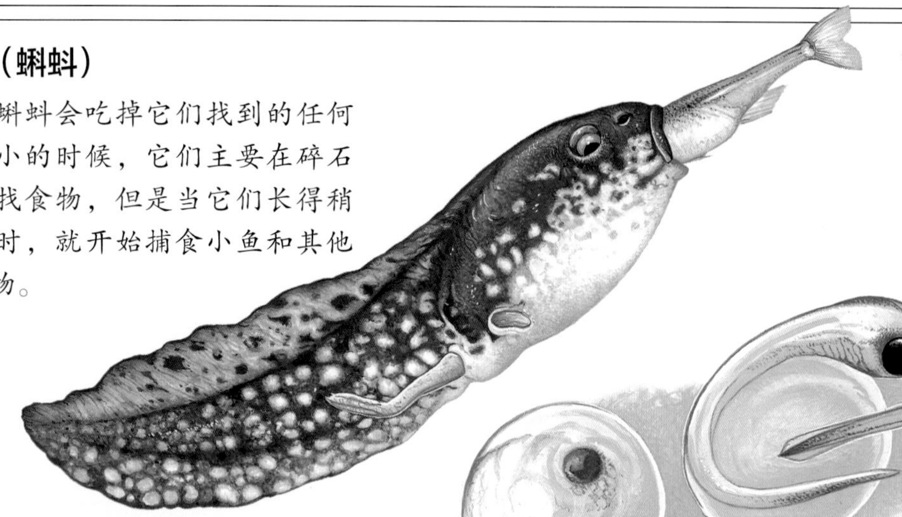

▶牛蛙（蝌蚪）

牛蛙的蝌蚪会吃掉它们找到的任何东西。小的时候，它们主要在碎石当中寻找食物，但是当它们长得稍大一些时，就开始捕食小鱼和其他水生生物。

▼孵化出的小鲤鱼

小鲤鱼刚孵化出来的时候，它的下方会附带一个卵黄囊。里面储存有营养物质，可以供刚出生的小鲤鱼食用几天。

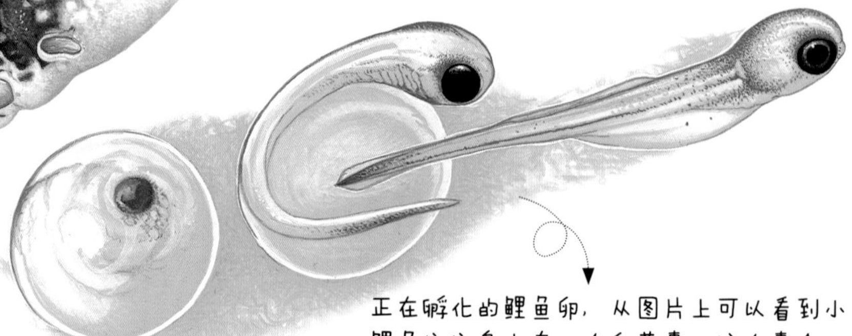

正在孵化的鲤鱼卵，从图片上可以看到小鲤鱼宝宝身上有一个卵黄囊，这个囊会不断收缩，因为小鱼在吸收囊内的营养物质

夜晚

水边

水陆交汇的地方既有陆生生物也有水生生物。它们和两栖动物共同享有这片区域。两栖动物，如蝾螈，它们在陆地上生活，但是却以水下生物为食，有时也在水下生活。

▶淡水蚌

软体动物非常适应泥泞的沼泽生活，因为在那里它们能够得到全方位的保护，无须抱住岩石不放。泥巴也是它们的食物来源，它们能把水中携带的泥沙过滤出来然后把它们放在沼泽床上。

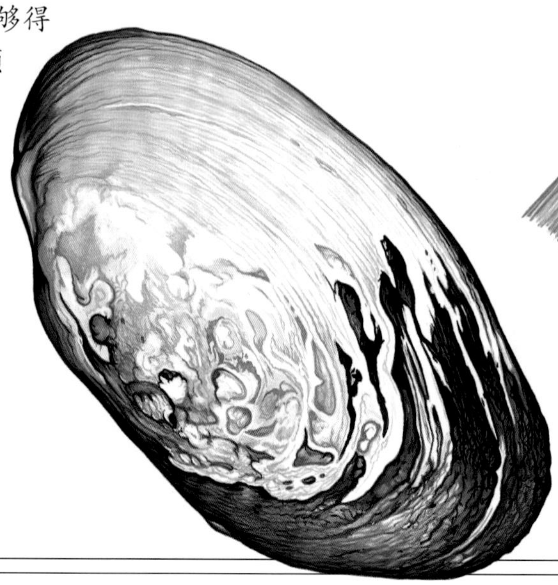

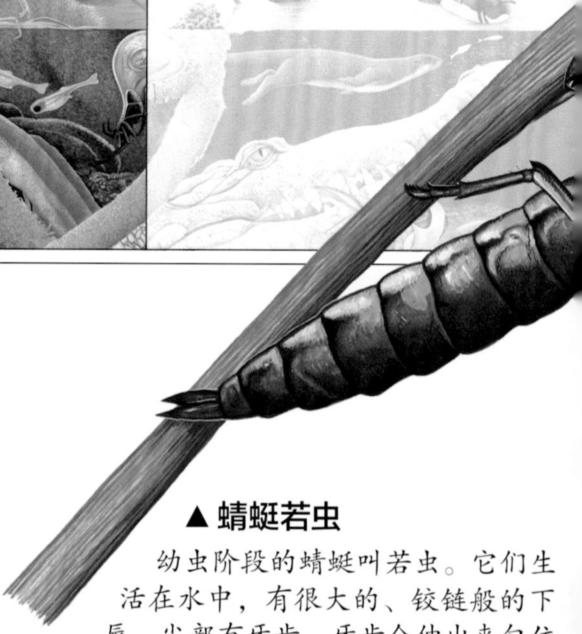

▲蜻蜓若虫

幼虫阶段的蜻蜓叫若虫。它们生活在水中，有很大的、铰链般的下唇，尖部有牙齿，牙齿会伸出来勾住猎物，包括昆虫、小鱼和蝌蚪。当若虫要变成蜻蜓的时候，它们会爬上植物的茎，完成蜕皮。破蛹而出的蜻蜓会头朝下倒挂着，当它的翅膀逐渐变硬，它们就会开始第一次飞行。

▼ 土虱

湿地中的许多池塘都是季节性的，当它们干涸的时候，生活在其中的动物们就需要去寻找新的池塘。土虱用它的鳍和尾巴在潮湿的地面上爬行，以寻找新的水源。

▲ 横斑林鸮（幼鸟）

这种猫头鹰饮食多变，有时会在浅水中漫步，寻找鱼和龟。像所有猫头鹰一样，幼鸟的胃口相当大，常常将食物一口吞下。

▶ 美洲狮

美洲狮也叫山狮、美洲金猫，这种大型猫科动物生活在北美和南美各处。它是一种非常成功的动物，因为它能适应不同的生活环境，也能吃下不同种类的猎物。它能杀死一头鹿，也能吃下小型啮齿类动物、爬行动物、鱼和昆虫。

◀赤狐

狐狸捕食各种类型的动物，但它们也吃其他食物，如浆果和水果。它们饮食的多样性意味着它们可以适应各种生活环境。

夜晚

开阔水域

离岸边越远，水越深，生长在那里的动物可以长得更大。被捕食的动物们在那里几乎没有藏身之地，但是一旦有捕食者袭击，它们还是有别的地方可以逃离。

▲ 水獭

小水獭（tǎ）会在秘密的洞穴内降生，水獭爸爸和妈妈会事先在水边找一处柔软的地带，挖出这样一个洞穴。洞穴的入口处通常隐藏在水下，这样捕食者就很难接近刚出生的水獭宝宝了。

▼▶划蝽

　划蝽把它长长的后腿当成桨，在水中活动。有飞行类昆虫降落到水面上时，它们微小的动作也会引起涟漪。划蝽感知到水波的振动会潜到猎物下方，发起攻击。它从底部刺穿昆虫，然后吮吸它们的体液。水黾与划蝽的进食方式相同，但水黾是从上方发起攻击。

◀ ▶ 佛罗里达彩龟

这种龟也叫做佛罗里达红肚龟，因为它们中的有一些在肚子下面呈微红色。这种龟幼年时以鱼类、两栖动物、水生昆虫和其他无脊椎动物为食，成年后其饮食结构会发生变化，转变为素食主义者，只吃水草和水藻。

▲ 水蜘蛛

一些蜘蛛已经进化到以水生无脊椎动物为食。然而，它们在水下并不会呼吸，水蜘蛛善于在水生植物之间吐丝结网。由于网下储存气泡，蛛网便成了钟罩形。

美洲鳄吃甲壳类动物、鱼、两栖动物、其他爬行动物、鸟类和哺乳动物

▲ 伏翼

这种小型蝙蝠飞得很慢，振幅很小。它是夜间出行的蝙蝠之一，通常在水面上捕食。

划蝽和甲虫很相似，但它们的嘴部有能够吮吸的部分，甲虫则靠咀嚼

▶ 美洲鳄

这种鳄鱼有一个V形的鼻子，当嘴巴闭合时，它的部分下齿始终露在外面。美洲鳄的近亲短吻鳄，它们的上颌略宽，呈U形，因此能将下齿全部盖住。美洲鳄主要生活在美国中部。在美国，它们是濒临灭绝的物种，仅生活在佛罗里达洲的最南端。

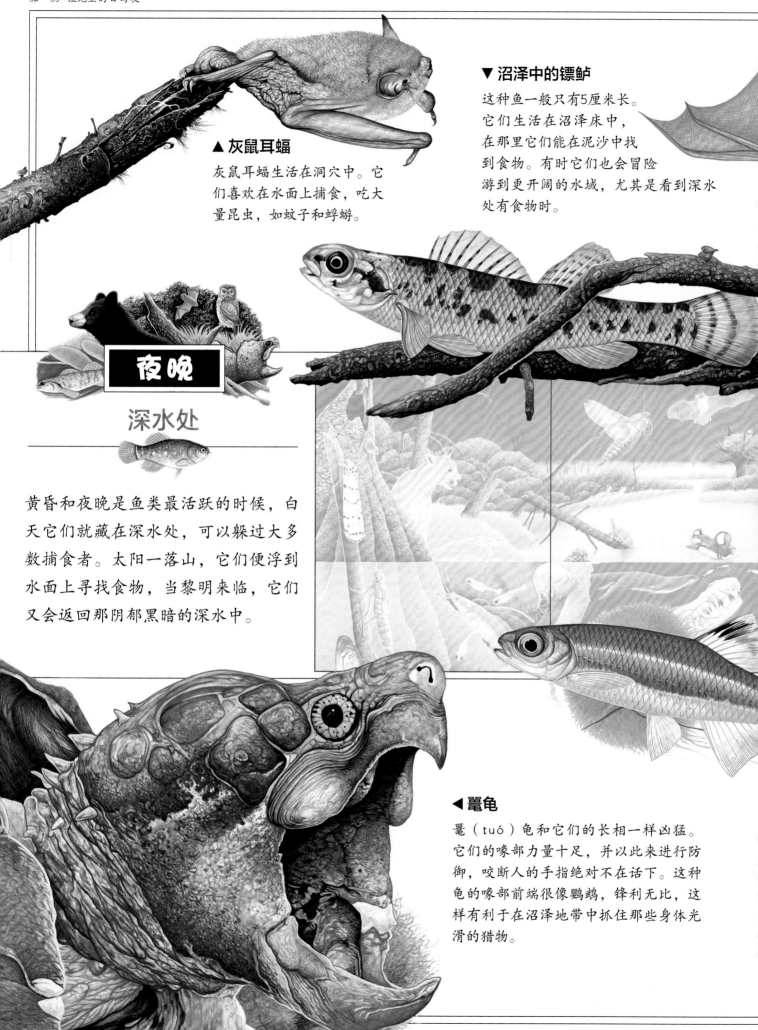

▲ 灰鼠耳蝠

灰鼠耳蝠生活在洞穴中。它们喜欢在水面上捕食，吃大量昆虫，如蚊子和蜉蝣。

▼ 沼泽中的镖鲈

这种鱼一般只有5厘米长。它们生活在沼泽床中，在那里它们能在泥沙中找到食物。有时它们也会冒险游到更开阔的水域，尤其是看到深水处有食物时。

夜晚

深水处

黄昏和夜晚是鱼类最活跃的时候，白天它们就藏在深水处，可以躲过大多数捕食者。太阳一落山，它们便浮到水面上寻找食物，当黎明来临，它们又会返回那阴郁黑暗的深水中。

◀ 鼍龟

鼍（tuó）龟和它们的长相一样凶猛。它们的喙部力量十足，并以此来进行防御，咬断人的手指绝对不在话下。这种龟的喙部前端很像鹦鹉，锋利无比，这样有利于在沼泽地带中抓住那些身体光滑的猎物。

▶ 鸣角鸮宝宝

白天，小鸣角鸮们会把自己伪装起来躲避敌人。它们就待在树上一动不动，大眼睛紧闭，看起来就像一根树枝或一块树皮。

▲ 赤蓬毛蝠

这种小型蝙蝠白天在树上休息。通常，它都是单腿悬挂在树上，看起来就像是一片枯叶。

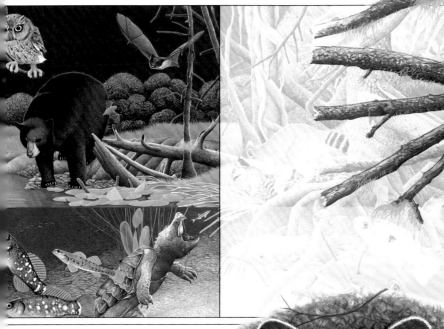

绞杀榕和凤梨科植物的根部是小鱼们很好的藏身之处，这些根部很像笼子的条藤，小鱼可以随意穿梭进出，大鱼却做不到

▲ 日本叉牙鱼

这种鱼很漂亮，因为它们五颜六色的外形，水族馆里有很多这种鱼。在野外，它们主要隐藏在树木根部和植物之间，在那里它们能很容易地躲过捕食者。

◀ 黑熊宝宝

黑熊比棕熊小且更加敏捷。它们可以爬树，在较高的地方寻找食物。小黑熊会学习爸爸妈妈，辨认哪些是可以吃的，哪些不可以。

▶ **鲶鱼（卵和小鲶鱼）**

鲶鱼嘴边有须一样的器官，这些是鲶鱼的触须，是帮助它们在浑水中探路用的。因为在浑水里，它们几乎什么都看不见。鲶鱼的身体和泥土是一个颜色的，所以在沼泽底部，捕食者很难辨认出它们。

鲶鱼卵的壳是透明的，可以清楚地看到里面的鲶鱼宝宝。卵在孵化的时候，卵黄囊同样附着在鲶鱼宝宝身体的下面

▼ **美国旗鱼**

这种鱼的颜色有时看起来像美国国旗，虽然每条鱼长得都不一样。它们大多数在身体两则都有一个黑色斑点，这个黑色斑点通常被黄色或白色的圈围起来。这种眼状斑点在遇到捕食者时会一闪一闪的，从而将捕食者吓跑。

夜晚

沼泽灌木丛

沼泽的某些地方是动物们几乎不可能到达的，因为那里遍布了密集交错的树根和树枝。这些地方对于那些容易被捕获的小动物来说是很好的藏身之处，不过对于捕食者来说也易于捕猎。只要捕食者够小、够敏捷，就能在密集的灌木丛中来去自如。

▲ **美东笨蝗**

当这种大型蝗虫受到威胁时，它会喷射出泡沫，同时伴随着响亮的嘶嘶声。这种噪声实际上也是在提醒捕食者："我们是有毒的，你吃掉我们是会死掉的。"这种蝗虫经常被视作害虫，因为它们有时会摧毁庄稼。

◀ **浣熊**

这种讨人喜欢的动物非常聪明，可以适应不同的生活环境和饮食。在沼泽地中，它们捕食鱼、青蛙和鸟这类小动物，有时也吃不同种类的应季水果。

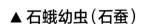

石蚕软软的肚子是被包裹着的，只有稍硬一些的身体上部、头部和腿是露在外面的

▲ 石蛾幼虫（石蚕）

石蛾幼虫叫做石蚕，会用沼泽地中的碎石建一个保护箱将自己围起来。石蚕用吐出的丝线把小块石子、贝壳和木质材料黏结成壳。这个壳通常呈管状，石蚕就把自己的身体藏在里面。

▲ 束带蛇

这种蛇擅长爬树和游泳，在湿地中是可怕的捕食者。这种蛇对人类没有危害，通常还被当做宠物饲养。束带蛇是北美最常见的蛇类。

▼ 海蟾蜍

成年海蟾蜍的体重可达1.8千克。它的主要食物是昆虫，但有时也吃蛇、青蛙、蜥蜴、小型啮齿类动物，有时甚至还吃它们自己的宝宝。它们的皮肤内有一种腺体，当海蟾蜍被攻击或受到威胁时，这种腺体会分泌一种白色毒液。

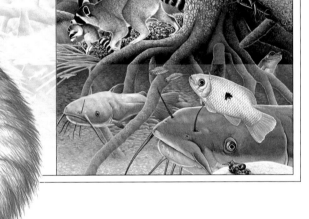

◀ 小负鼠

负鼠是唯一一种生活在澳大利亚以外地区的有袋目哺乳动物。新出生的小负鼠生活在妈妈的育儿袋里，直到长大才能离开。这种动物是傍树而居的，尾巴可以帮助它们攀爬。

夜晚

全景图快捷指南

如果你想要识别湿地夜晚全景图中的动物，请使用下面这些关键数字。其中绝大多数动物都在第28~35页中重点介绍过。

鸣角鸮 ◀

1. 灯蛾

   这种美丽的飞蛾颜色艳丽。它们夜间休息，白天出来活动。

2. 暮蝠

   这种小型蝙蝠栖息在树洞里。

3. 横斑林鸮

4. 美洲狮

5. 赤狐

6. 佛罗里达彩龟

7. 伏翼

8. 鸣角鸮

9. 白头海雕（正在睡觉）

   这种鸟是顶级捕食者，生活在北美各处。

10. 棕胁秋沙鸭（雄性）

    秋沙鸭在众多种类的鸭子中显得不同寻常，因为它的喙有锯齿状的边缘，能很好地帮助它们完成捕食。

11. 黑熊

12. 赤蓬毛蝠

13. 灰鼠耳蝠

14. 美东笨蝗

15. 绞杀榕

16. 负鼠

17. 束带蛇

18. 浣熊

19. 海蟾蜍

20. 美国旗鱼

21. 棕色大头鲶鱼

    这种鲶鱼广泛分布在北美。它们生活在浅水处，且通常是混浊的污水。

22. 鼍龟

23. 白黑鱼

    这种鱼吃食的时候首先会吸入满嘴泥，然后吞咽泥中的各种无脊椎动物。

30. 土虱

31. 水蜘蛛

32. 鲤鱼

33. 牛蛙

34. 蜻蜓若虫

35. 淡水蚌

36. 天蛾

    这种夜行蛾可以在飞行过程中吸食花蜜。

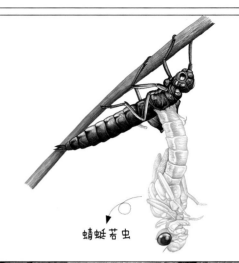

蜻蜓若虫

24. 石蛾幼虫（石蚕）

25. 鳔鲈

26. 迷你太阳鱼

    雌性迷你太阳鱼在密集的水生植物中产卵，雄性迷你太阳鱼则会守护着这些卵，直到孵化出鱼宝宝。

27. 划蝽

28. 美洲鳄

29. 水獭

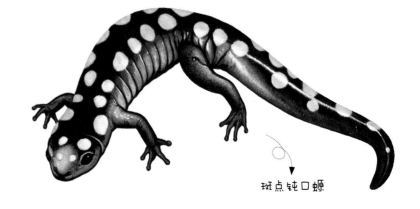

斑点钝口螈

词汇表

两栖类动物：在陆地和水中都可以栖息的动物。

澳大拉西亚：澳大利亚、新西兰、新几内亚和其他相邻岛屿。

沼泽：带有柔软、丰富土壤的湿地。

保护色：动物自身的颜色，使其能够融入周围的环境中。

堆肥：腐烂的植物和动物残留物的混合体。

三角洲：河海湖相接的扇形区域。

碎石：死去的植物和动物的碎屑。

濒临灭绝：数量很少的物种，有完全消失的危险。

大沼泽地：南部佛罗里达的沼泽地带。

栖息地：动植物生活的地方或环境。

孵化：让卵处于特定的温度，使它能够被孵化。

无脊椎动物：如昆虫，蠕虫和软体动物。

幼虫：新孵化的小虫。

落叶层：死去植物的残留物。

湿地：没有木质植被，通常是没有多少水的浅滩，没有沼泽深。

有袋类动物：这种有袋类哺乳动物通常是完全成形之后才出生，有袋类动物幼崽会一直待在妈妈腹部的育儿袋中长大。

软体动物：有壳的无脊椎动物，包括蜗牛、蛤蚌等。

夜行性动物：白天睡觉、晚上活动的动物。

杂食性动物：吃所有类型的食物：肉、鱼、植物和蛋等。

捕食者：以捕食其他动物为食物

的动物。

被捕食者：被别的动物捕捉来当做食物的动物。

蛹：昆虫从幼虫发展为成虫之间的一个阶段。

栖息：休息或睡觉，或休息或睡觉的行为。

囊：中空、柔软的袋子。

清道夫：食腐肉的动物。

灌木丛：密集的灌木或树木。

索引

日与夜系列百科丛书

雨林里的日与夜

[英]苏珊·巴雷特　　[英]彼得·巴雷特／著

张伟／译

中国青年出版社　CHINA YOUTH PRESS　中青幼狮

如何使用本书

① 第6~7页介绍了雨林里的白天。

② 翻开折页左右两边的襟翼，能看到第8~11页，这是一幅关于雨林白天的4页全景图。

③ 第12~19页详细介绍了雨林中的日行性动物，这些动物在第8~11页的全景图中都曾出现过。

④ 第20~21页是雨林白天全景图的快捷指南，每种动物旁边都标有序号，上方及下方的文字说明能帮助小朋友快速复习之前学习过的每一种动物。

⑤ "雨林的夜晚"也可以按照以上方法阅读。祝大家的丛林之旅愉快！

目录

白天

夜晚

▶紫蕉鹃

白天

热带雨林位于地球的北回归线和南回归线之间，在赤道的南北两边。长年恒定的温度和丰沛的雨水为温室环境提供了保障。在这样的气候条件下，树木生长得极其高大茂盛，野生动物繁衍生息，蓬勃生长。热带雨林为各种各样的植物、昆虫、鸟类、鱼类、爬行动物、两栖动物和哺乳动物提供了栖息地。在非洲的赤道地区，大片的雨林中隐藏着数量惊人的各种生物。

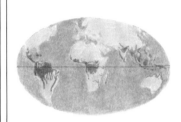

▲ 热带雨林

地图上的绿色区域代表了世界各地的热带雨林，那些地方的热带气候提供了适合雨林生长的条件。

◀ 森林溪流

在雨林中穿行的一条条小溪最终形成了非洲地区的大河流。溪岸和沼泽吸引了各种鸟类、昆虫、爬行动物和哺乳动物，而流动的河水则成为了水獭、鱼类和鳄鱼赖以生存的家园。

▲ 猴子

图片的左边是红疣（yóu）猴，它们在森林的高处捕食。图片的右边是德氏长尾猴，它们住在低处的沼泽地和河边的树林中。

◀林中空地

在有树木倒下的地方，有更多的阳光可以照到森林的地面上，这样就会生长出很多灌木丛。这些地方往往适合较大的哺乳动物生存，如森林大象和矮小的森林野牛。大猩猩也会在茂密的林地和这些空地之间活动。

▲黑白噪犀鸟

黑白噪犀鸟正在吃森林中的水果。

◀巨大花潜金龟

巨大花潜金龟是世界上最大的甲虫之一，它正用它长长的、带有锋利尖刺的前肢吊挂在一根树枝上。

▼茂密的雨林

在茂密的雨林里，生活在树木高处的动物，比如鸟类和猴子，在白天的时候非常活跃；而在雨林地面上生活的动物，白天的时候大多数待在阴暗的灌木丛和树洞里。

◀高大的树木

雨林有一个典型的特征，就是藤本植物会缠绕在周围树木的树干上，向上不断生长至树木的最顶端，从而让自己能够照射到阳光。这样盘根错节的藤蔓枝条为许多生物提供了在高大树木之间活动的途径。

▶红树林

海岸线周围的红树林为适应了潮汐环境的两栖类生物提供了多样的栖息地。这里的水是淡水和盐水的混合物。弯弯的树根形成一个天然滤网，把潮汐带来的和河水冲下来的淤泥聚拢起来。红树林沼泽地就以这样的方式，年复一年，越来越大。

白天

森林溪流

在高地上，倾盆大雨汇集成小溪和河流，从陡峭的山坡上流淌下来。这些溪流为非洲中部浩瀚的河流提供了补给。几内亚湾的尼日尔河三角洲距离它的源头有4183千米，而刚果河距离它的源头更长，达到4667千米。野生动物正是依靠这些丰富的水源而繁衍生息。

▶大鱼狗

这是非洲最大的翠鸟，跟乌鸦一样大。它们以鱼为食，在河流和湖泊岸边的树枝上，以及海岸边和红树林里栖息生存。

▲水灵猫

这种稀有的灵猫擅长游泳。它们喜欢生活在溪流附近，那里有它们最喜欢的食物——鱼。水灵猫长着一条黑色的、毛茸茸的长尾巴。

◀冠翠鸟

这种鸟只有12厘米长，在沿海的小溪边很常见。比起看到它们，人们更常听到它们的叫声，因为当它们在水面上快速飞过时，会发出一种连续的、尖锐的吱吱声。

◀ 棕榈鹫

在尼日尔河三角洲，人们经常会看到这种棕榈鹫（jiù）大摇大摆地走在地面上，而不是飞在空中。那是因为它们正在地上寻觅从棕榈树上掉下来的果实。

▲ 尼罗河巨蜥

一只巨蜥从鳄鱼窝里偷了一只蛋。巨蜥和蛇一样，可以吞下非常大的猎物。它们跑得非常快，可以攀爬也可以游泳，只有极少数的动物能对它们形成威胁。

▼ 刚果小爪水獭

这种水獭个头很大，如果不把尾巴计算在内，它的身体可以长到将近1米。它的脚趾间没有蹼，也没有爪子。它可以远离水源，但大部分时间它们都待在茂密雨林中湍急的小溪附近。

▲ 褐颈鹦鹉

褐颈鹦鹉能够在树木之间飞快地穿行，它们在雨林中和开阔的热带稀树草原边缘都很常见。它们喜欢在树洞中筑巢。

◀ 非洲侏儒鳄

非洲侏儒鳄只有1.9米长，这种小鳄鱼栖息于热带非洲西部的河流中。成年非洲侏儒鳄通常全身都是黑色的，而鳄鱼宝宝则颜色鲜艳，在黑黑的身体上分布有红黄色的条纹。

▲ 翡翠蟒

这种蟒全身都是明亮的绿色。龙骨状的鳞片使它的皮肤摸起来非常粗糙。这种蟒在非洲西部的森林里极其常见，它们以蜥蜴和青蛙为食。

▼ 树穿山甲

树穿山甲是个优秀的攀爬者。它有一条能够缠绕住树枝的尾巴，像第三只手一样帮助它爬上树枝。它还可以仅仅靠这条尾巴把整个身体悬挂在树枝上。当受到惊吓时，它会把身体紧紧地蜷缩起来，坚硬得就像一颗装甲球。

白天

高大的树木

在雨林温暖、湿润的环境中，树木能够无限生长，其中有些树木甚至可以长到超出森林冠层45米以上。因为大部分时间都沐浴在阳光里，森林冠层为野生动物提供了丰富的、可食用的水果、花朵、叶子和昆虫，以及一个大型肉食性动物无法触及的、安全的生活环境。

◀▶ 黑猩猩

黑猩猩常常用长草的茎作为工具去挖蚂蚁和白蚁。它们是群居动物，睡在树上，喜欢成群结队地生活在一起。黑猩猩宝宝在出生的头两年都是由妈妈来照顾的。它们比一般动物要长寿很多，通常可以活到40岁。

▶ 倭黑猩猩

倭（Wǒ）黑猩猩是另一种黑猩猩，它们的身形更加小巧、轻盈，栖息在刚果河以南的雨林里。它们有着高度进化的视觉和听觉，这使得它们能够更好地适应雨林中的生活。

▶ 红腹啄木鸟

当红腹啄木鸟在树上搜寻甲虫和其他昆虫时，其坚硬的尾羽可以支在树干上，为身体提供额外的支撑。红腹啄木鸟栖息在从几内亚、塞拉利昂到尼日利亚的雨林里。

▶ 绿头冠蕉鹃

这种体型较大、以水果为食的鸟类仅见于非洲。它们喜欢沿着森林冠层高处的树枝跑跑跳跳，因为在那里可以找到丰富的食物。飞起来的时候，能看到它们翅膀上深红色的羽毛。

▼ 绿背啄木鸟

这种中型啄木鸟在加纳、加彭和刚果的雨林中很常见。它们用自己锋利的凿状喙在树洞中凿出自己的巢穴。

▶ 藤本植物

虽然这些藤本植物的根部在地下，但它们却能够通过缠绕树干到达太阳可以照射到的地方。它们的藤茎为在雨林中繁衍生息的野生动物提供了一张贯穿整个雨林、紧密相连的网络。

◀ 㺢㹢狓

㺢㹢狓（huò jiā pí）是一种胆怯并且孤独的动物，它们栖息于非洲中部茂密、潮湿的雨林里。它是长颈鹿家族的成员之一，但脖子和腿相对较短。它的后腿及臀部有着独特的、黑白相间的条纹。

▶ 森林大象

大象用它粗壮的四肢在森林中穿行并且在沼泽中搅拌泥浆，通过这样的方式，大象为雨林创造了很多林中空地。右边的图片就是大象妈妈在教它的孩子如何挖掘那些富含了矿物质的泥土。

快看，一只黑蜂虎正在快速飞行中捕捉昆虫

白天

林中空地

在那些树木被人类砍伐、被大象推倒或者被风暴刮倒的地方，阳光可以穿透森林，照射到地面上，因此灌木丛、草地以及各种草本植物迅速生长出来。这些空地吸引着各种草食性动物。由于各种动物在空地上不停走动，因此这些空地上的树木不会再重新生长出来，这样林中空地便得以保存下来。

◀▶ 大猩猩

雨林中的空地吸引了那些低地地区的大猩猩前来吃灌木和芦苇草。大猩猩是一种爱好和平的动物，如果有动物入侵它们的领地，雄性大猩猩会通过拍打自己胸脯的方式来展现自己的强壮并发出巨大的吼声来吓跑敌人，让敌人远离自己的家人。

雄性大猩猩在拍打自己的胸脯

◀ 矮小的森林野牛

矮小的森林野牛是大黑野牛的亚种。它的角向后弯曲而不是向下弯曲。它们以森林空地上的绿草、芦苇和灌木的嫩枝为食。

▲ 狄安娜长尾猴

狄安娜长尾猴的头上有一条独特的白色条纹，它们属于长尾猴家族。在大多数狄安娜长尾猴的脸部和身体上都有鲜艳的标记，而且它们有着超强的色彩辨识能力。这就意味着它们能够在黑暗的雨林中轻松地认出彼此。

▼ 大蓝蕉鹃

大蓝蕉鹃（juān）的头部有着漂亮的羽冠。下面这张图中的大蓝蕉鹃正在摘无花果树的果子吃。

▶ 锤头鹳

右图中，锤头鹳（guàn）正准备回巢。它们的巢由树枝、草和泥搭建而成，通常建于突出水面的树杈上。这种棕色的水鸟和鹳有密不可分的亲缘关系。它的名字来自其锤形的头冠。

◀肯尼亚林羚

肯尼亚林羚是居住在雨林中的一种大型羚羊。就像图片里所展示的一样，它向后弯曲的双角紧贴头部，这样可以让它们更容易地在茂密的雨林中穿行。

白天

茂密的雨林

赤道地区的温度、湿度和充足的雨水为那里的植物和动物提供了绝佳的生存环境。在热带雨林的密林中，树木可以生长得很高并拥有粗壮的枝干，它们紧密地生长在一起。在这些茂密的雨林中，各种各样的野生动物都能够找到食物和住所。

飞行中的雕美花蜜鸟

◀非洲冕雕

这种体型非常大的雕捕食大型鸟类和哺乳动物。左图中展示的是一只落在地上的冕雕和被它捕获的猎物——一只白眉猴。

▼ 枯叶侏儒变色龙

这是一只小型变色龙，仅有3.8厘米长。当它静静地趴在森林的地面上时，夹杂在树叶中间很难被发现。

◀ 黄嘴拟鴷

左图中是一只站在巢穴口的黄嘴拟鴷（liè）。在茂密的雨林中，这种鸟或单独居住或成对生活在一起。它可以在任何它能找到的软木空腔中挖掘出自己的巢穴。

▲ 山魈

这是一只山魈（xiāo）妈妈正抱着它的孩子。母山魈的脸部主要为蓝色，比雄山魈的色彩要少一些。山魈大多成群地生活在丛林里的地面上。它们的食物包括水果、坚果以及一些小型哺乳动物。

◀ 埃塞俄比亚黑白疣猴

这是一种生活在茂密森林中的疣猴。它们很少来到森林的地面上，大多数时间都在高处的树枝间活动，主要以树叶为食。

▶ 附生植物

在雨林炎热、潮湿的环境中，附生植物在树木的凹处和缝隙中生长繁殖。附生植物包括各种各样的藓类植物、兰科植物、蕨类植物和开花植物，它们为昆虫和鸟类提供了所需的食物。

白天

全景图快捷指南

如果你想要识别雨林白天全景图中的动物，请使用下面这些关键数字。其中绝大多数动物都在第12~19页中重点介绍过。

19. 森林象鼩（qú）
20. 蚂蚁
21. 翡翠蟒
22. 紫头辉椋（liáng）鸟
23. 青凤蝶
24. 红腹啄木鸟
25. 黑猩猩
26. 树穿山甲

1. 棕榈鹫
2. 天堂凤蝶
3. 薮（sǒu）羚
4. 非洲侏儒鳄
5. 加蓬咝（sī）蝰（kuí）
6. 尼罗河巨蜥
7. 蓝肩歌鸲（bī）
8. 刚果小爪水獭
9. 冠兀鹫

10. 红尾长尾猴
11. 灰色林鸽
12. 非洲鹃隼（sǔn）
13. 大鱼狗
14. 红松鼠
15. 水灵猫
16. 巨大花潜金龟
17. 林鼠
18. 褐颈鹦鹉

27. 绿头冠蕉鹃
28. 黄腹金鹃
29. 非洲八色鸫（dōng）
30. 黄眉拱翅莺（yīng）
31. 红腹寿带
32. 黑猩猩
33. 獾㺢狓
34. 叶甲虫
35. 螳螂

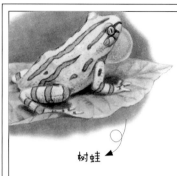

花蜜鸟

树穿山甲

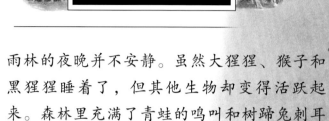

夜晚

树蛙

雨林的夜晚并不安静。虽然大猩猩、猴子和黑猩猩睡着了，但其他生物却变得活跃起来。森林里充满了青蛙的鸣叫和树蹄兔刺耳的尖叫声。蝙蝠和猫头鹰悄无声息地掠过树枝，寻找它们喜欢的食物。图中，一只婴猴正在警觉地寻找昆虫，而花豹则从白天休息的地方下来，开始了今夜的捕猎行动。

▼ 森林溪流

住在森林里的动物会趁着夜色降临来到雨林中流淌的小溪和河流边喝水。一些住在水里或者水源附近的动物，比如蝙蝠和青蛙，往往在夜间比白天更加活跃。

小斑獛（PÁ）

▶ 高大的树木

那些高出森林冠层的树木为夜间捕食的动物，比如果蝠和树熊猴提供了狩猎场。寄生在高处树枝上的附生植物，在它们开花的时候会散发出香味来吸引昆虫，而这些昆虫又吸引了那些以昆虫为食的动物。

◀ **果蝠**

芳香的花朵和空地边缘的树木上结出的水果吸引了果蝠。

▶ **林中空地**

当夜幕降临时，夜间活动的捕食者，比如花豹，会来到森林的空地上寻找猎物。

◀ **茂密的雨林**

即使在雨林最茂密、最黑暗的地方，到了晚上也会有动物出来活动。有很多具有超强夜视能力、以昆虫和小型哺乳动物为食的野生动物会在晚上出来捕猎。

▼ **螳螂**

下图中，一只非洲魔花螳螂正做出防御姿态。

▲ **非洲巨蛙**

非洲巨蛙是一种名副其实的巨型青蛙，身长可达40厘米，是世界上最大的蛙。上图展示的是一只非洲巨蛙正要扑向非洲林鼠。

▲ **壮发蛙**

这种青蛙的身体侧面和后部都被华丽的皮毛覆盖着，这些皮毛在水中呈扇形展开，像水草一样。事实上，这些并不是毛发，而是毛发状的皮肤。

夜晚

森林溪流

许多生物都用自己的方式在晚上来到热带雨林的池塘、小溪与河流边喝水。在黑暗中它们会更加安全，因为黑暗可以使它们免遭大型动物和日间捕食者的威胁。本页中所呈现的这些动物，它们都生活在水中或者靠近水源的地方，并且喜欢在晚上出来活动。

▼▶ **非洲鳍趾鹏**

图中，一只雄性非洲鳍趾鹏（tī）正游向河岸，它的伴侣正在巢穴中等待它的归来。

▼ 锤头果蝠

这种大型果蝠的头很特别，其形状就像一个锤子。成年雄性果蝠的口鼻中有一种气囊，可以帮助果蝠增加呼叫时的音量，让它的叫声变得连续、响亮。锤头果蝠的翅膀展开可以达到97厘米。

在空中飞行的黄毛果蝠

▲ 水鼷鹿

这种很小的、长得像羚羊一样的动物有着小而尖的头部。它在夜晚活动，栖息在溪水和河流边。水鼷（xī）鹿可是个游泳健将哦。

▲ 夜鹭

白天的时候，夜鹭在沼泽森林和红树林里，或是在河流、溪涧长满树木的岸边休息，到了晚上它们就会出来觅食捕鱼。

▶ 大林猪

大林猪站起来时肩膀可以达到近一米高，是一种大型动物。它们大多数时候在夜间活动，以小型的家庭群体生活在一起，主要以森林边缘和水边的草和植物为食。

▶尖爪婴猴

这种婴猴生活在森林冠层的主枝干上。它们的手指和脚趾上都有脊状的、尖尖的指甲，这让婴猴可以牢牢地抓住树枝，并且能够在树梢上敏捷地攀爬。

▶非洲林鸮

林鸮（xiāo）悄无声息地猛扑向它的猎物，几乎没有发出一点声音。它的猎物是一只正在一小片森林空地上匆忙穿行的小老鼠。

两只冠珠鸡正在树枝上休息

夜晚

高大的树木

在热带雨林炎热、潮湿的环境中，有些树长得甚至比那些形成森林冠层的树木还要高。许多肉食性动物已经习惯了生活在高大的树木上。其中一些轻盈、敏捷的夜间捕猎者会爬到冒出森林冠层的树木顶端寻找猎物。

▼豹

豹是一种独立、隐秘的捕猎者，白天它们在树木的高处休息，到了晚上就会从树上下来猎食。下面这张图中一只豹正在专注地盯着它的猎物，随时准备偷袭。

▼ 大穿山甲

大穿山甲在夜间出没，以蚂蚁和白蚁为食。如果受到惊吓，大穿山甲会把自己蜷成一个坚硬的圆球，互相重叠的鳞甲会把脆弱的、极易受伤的头部和腹部隐藏起来。

▲ 喷点变色龙

这是一只喷点变色龙，它把身体的颜色变得鲜艳多彩，向竞争者发起挑战。它的脖子变成了深红色，身体侧面则是浓烈的黄色。

◀ 树熊猴

树熊猴的手指和脚趾特别适合抓握树枝。它是一个隐秘的猎人，会小心翼翼地移动四肢来接近猎物，以至于猎物尚未发现危险来临，就已经被捕获。

▶ 非洲林狸

右图中，林狸发现了一窝鸟蛋。它是一种身体修长、体态轻盈的夜间捕猎者，基本生活在树上。

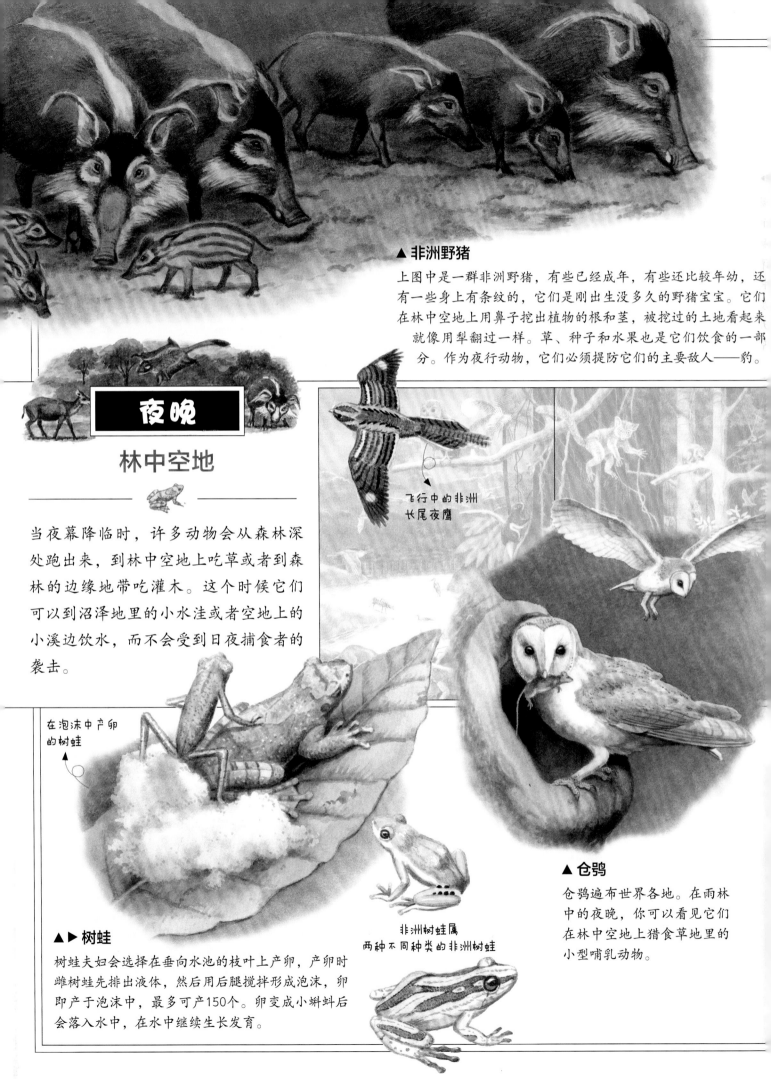

▲ 非洲野猪

上图中是一群非洲野猪，有些已经成年，有些还比较年幼，还有一些身上有条纹的，它们是刚出生没多久的野猪宝宝。它们在林中空地上用鼻子挖出植物的根和茎，被挖过的土地看起来就像用犁翻过一样。草、种子和水果也是它们饮食的一部分。作为夜行动物，它们必须提防它们的主要敌人——豹。

夜晚

林中空地

当夜幕降临时，许多动物会从森林深处跑出来，到林中空地上吃草或者到森林的边缘地带吃灌木。这个时候它们可以到沼泽地里的小水洼或者空地上的小溪边饮水，而不会受到日夜捕食者的袭击。

飞行中的非洲长尾夜鹰

在泡沫中产卵的树蛙

非洲树蛙属两种不同种类的非洲树蛙

▲▶ 树蛙

树蛙夫妇会选择在垂向水池的枝叶上产卵，产卵时雌树蛙先排出液体，然后用后腿搅拌形成泡沫，卵即产于泡沫中，最多可产150个。卵变成小蝌蚪后会落入水中，在水中继续生长发育。

▲ 仓鸮

仓鸮遍布世界各地。在雨林中的夜晚，你可以看见它们在林中空地上猎食草地里的小型哺乳动物。

▼ 鳞尾松鼠

这些鳞尾松鼠从一棵树的高处滑行到另一棵，两棵树之间的距离往往可以达到90米之远。它们有一片毛茸茸的膜皮，沿身体两侧从腕关节延伸到踝关节，看起来就像一顶降落伞。这片膜也可以起到防护斗篷的作用，当它们用尾巴把自己挂在树上时，就把身体隐藏在这片膜皮的下面。鳞尾松鼠的尾巴上还有两行尖锐的鳞片，可以把它们牢牢地固定在树干或者树枝上。

▶ 林羚

林羚是一种生活在沼泽湿地里的羚羊。黄昏时，它们从树林里出来吃树叶、细枝和一些灌木的果实。林羚是个游泳健将。图中显示的是林羚已经高度适应生存环境的蹄，两蹄张开的幅度很大，可以防止林羚陷入沼泽。

红背鳞尾松鼠

▶ 小型鳞尾松鼠

◀ 金熊猴

这是一种非常罕见的动物，跟一只小猫差不多大。它们白天会睡一整天，到了夜晚就会醒来吃各种植物和昆虫。

▶ 大猩猩

大猩猩在森林边缘低矮的树木上筑巢，有时也会在地面上筑巢。它们白天所在的巢穴搭建得比较粗糙，因为只是用来打个盹，而晚上所在的巢就非常结实、坚固。它们把树枝折断，向里弯曲形成一个骨架，再用小嫩枝和树叶填充。家庭里较大的雄性猩猩先筑巢，其他成员紧随其后。猩猩妈妈和它的宝贝们睡在一起，年轻的猩猩就在附近搭建一些小型巢穴。

▶ 犀牛膨蝰

这种身体较短但很重的蛇是极其危险的。它有长长的尖牙，可以把剧毒毒液深深地注入到猎物体内。这种蛇喜欢在夜间活动，当它们在地面上的树叶间移动时是很难被发现的，因为其皮肤上的几何图案为它们提供了很好的伪装。它的鼻子上有尖尖的疣角，很像犀牛角，并因此而得名。

林鸲（鸟）

夜晚

茂密的雨林

在森林最茂密的地方，树木长得高大茂盛，树木之间紧密地排列着。即使是在白天，也只有很少的光线可以照射进来，因此到了夜晚会格外黑暗。这个时候，夜行动物都从洞穴、巢穴和岩石坑中跑出来觅食。一场捕食者和被捕食者的游戏就要开始了。

▼ 鬃鼠

这种啮齿类动物白天躲在树洞里，到了晚上才出来寻找食物。当受到惊吓时，从它的头部顶端，沿着背部一直到它的尾巴，都会立起一束鬃毛。

▲ 树蹄兔

到了晚上，树蹄兔会从待了一天的树洞或灌木丛里跑出来，开始寻找食物。它非常善于攀爬。脚掌底部厚厚的肉垫就像一双橡胶底的鞋一样，让树蹄兔更轻松地在树上跑上跑下而不会滑倒。尽管它们看起来像啮齿类动物，但是令人惊讶的是，树蹄兔却和大象有亲缘关系！

◀ 金猫

金猫的体型有家猫的两倍大，是一个沉默的、非常有耐心的捕食者。它们以啮齿类动物为食，比如同在本页的鬃鼠。它们有时也会捕食树蹄兔。豹是这个森林里另外一种大型猫科动物。

▲ 帚尾豪猪

帚尾豪猪是非洲丛林中最大的啮齿类动物之一，它们的棘刺比其他豪猪更加轻便、小巧。尾巴上的这些棘刺像极了刷子上的刚毛。它们喜欢在夜间活动，白天的时候会躲在洞穴中。值得一提的是，年幼的豪猪宝宝会一直躲藏起来直到生长出能够抵御外敌的棘刺。

◀ 弗氏雕鸮

这种猫头鹰白天栖息在茂密的树林里，到了晚上才出来觅食。它捕食夜晚在森林中活动的小型哺乳动物。

▶ 黑腿獴

黑腿獴喜欢在夜间活动，捕食啮齿类动物和昆虫。它有一个大大的脑袋、宽大的口鼻和短短的四肢。它有一条短短的白色尾巴，而身体其他部位则是深棕色或黑色。这种颜色组合为黑腿獴夜间在树丛中活动提供了很好的伪装。

夜晚

全景图快捷指南

如果你想要识别雨林夜晚全景图中的动物，请使用下面这些关键数字。其中绝大多数动物都在第28～35页中重点介绍过。

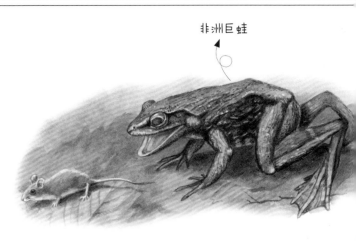

非洲巨蛙

1. 饰肩果蝠	11. 灰喉秧鸡	21. 树熊猴
2. 横斑渔鸮	12. 鳞尾松鼠	22. 冠珠鸡
3. 黄毛果蝠	13. 巨鼠	23. 非洲林鸮
4. 大林猪	14. 非洲睡鼠	24. 非洲林狸
5. 夜鹭	15. 巨型蜗牛	25. 大穿山甲
6. 水䶄鹿	16. 帚尾豪猪	26. 豹
7. 巨鹭	17. 变色龙	27. 库鲁拉草蛙
8. 壮发蛙	18. 尖爪婴猴	
9. 小岛羚	19. 大象	
10. 非洲巨蛙	20. 椰子猫	

豹

词汇表

两栖类动物：在陆地和水中都可以栖息的动物。

保护色：动物自身的颜色，使其能够融入周围的环境中。

冠层：树木的树梢形成的一层远远高于地面的绿叶覆盖层。

突现：描述一棵长得高于森林冠层的树。

附生植物：依附于其他植物生长的植物。

栖息地：动物生活的地方和环境。

龙骨状的鳞：不能完全贴服在皮肤表面、又薄又硬的鳞片。

藤本植物：一种用树干做支撑、攀爬着弯曲生长的植物。

红树林植物：生长在沿海沼泽地区的一种树木，当涨潮的时候会被淹没在水下。

红树林地带：红树林植物生长的潮汐地带。

夜行性：白天睡觉，夜间则出来活动的习性。

捕食者：以捕食其他动物为食的动物。

缠绕性的：有抓握的能力。

猎物：被捕食者猎杀的动物。

热带稀树草原：大面积广阔的草地，树木很少。

独居：大多数时间都是独自生活，而不是成群结队。

索引

大草原的日与夜

[英]苏珊·巴雷特　[英]彼得·巴雷特/著

张一帆/译

中国青年出版社
CHINA YOUTH PRESS　中青幼狮

如何使用本书

① 第6~7页介绍了大草原的夜晚。

② 翻开折页左右两边的襟翼，能看到第8~11页，这是一幅关于大草原夜晚的4页全景图。

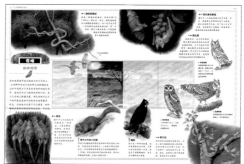

③ 第12~19页详细介绍了大草原的夜行性动物，这些动物在第8~11页的全景图中都曾出现过。

④ 第20~21页是大草原夜间全景图的快捷指南，每种动物旁边都标有序号，上方及下方的文字说明能帮助小朋友快速复习之前学习过的每一种动物。

⑤ "大草原的白天"也可以按照以上方法阅读。祝大家的草原之旅愉快！

目录

夜晚

白天

夜晚

夜间，草原上终于凉爽了下来，此时是野生动物们最活跃的时候。草食性动物们觅食是不分昼夜的，任何时间段它们都有可能外出寻找食物，但夜间觅食对它们来说危险性更高，因为夜色为肉食性动物提供了很好的掩护。右图展示了月色下的非洲大草原，一群鬣狗正在袭击一只牛羚。大象是草原上唯一无所畏惧的动物，它们从不惧怕任何捕食者。

▲ **夜间的头号杀手**
除了其强大的肌肉力量，锋利的牙齿和利爪是狮子捕猎时的致命武器。

▼ 图中的绿色区域是全球草原的分布区域。

▶ **干旱的大草原**
赤道附近全年的气温几乎没有变化，该地区长期干旱，并伴随着短时间的暴雨。草地非常适合这种气候条件。

◀ **蝙蝠**
西非肩毛果蝠因其两侧肩部的一簇毛而得名。该类雄性果蝠的翅展约51厘米长。

▲ **大草原上的树木**
草原上降雨比较频繁的地区更容易生长孤树。荆棘树的树枝为鸟儿们提供了夜间栖息地；猴子和狒狒们也把树枝当成了它们休息的港湾。

▼茂密的灌木丛

草原上的一些地区雨季长达半年，这为草原开辟出了新的地带——茂密的灌木丛。夜行性动物，如婴猴就生活在这样的地带。白天，它们躲在茂密的灌木丛中休息，到了夜间便出来觅食。

◀水洼和沼泽

对那些弱小的动物来说，夜间是它们外出寻找水源最安全的时段。幸运的是，即便是在最干旱的地区，还是可以在沼泽地的附近找到合适的水源，有时还会有一些地下水充足的水洼。

◀雕鸮

雕鸮（xiāo）妈妈为自己的两个宝宝带来了美味的晚餐——蛇。这条蛇还活着，在不停地扭动、挣扎着。

▼大耳狐

狐爸狐妈整夜都在外面觅食昆虫和老鼠，清晨归来时，三只狐宝宝就在洞口迎接它们了。看到爸爸妈妈，三个小家伙非常激动。成年大耳狐从脚到肩约61厘米高，从鼻尖到臀部约66厘米长。

夜晚

干旱的大草原

广阔的热带大草原主要分布在炎热、干旱的非洲地区。这些地方往往在久旱过后，瓢泼大雨就会尾随而来，甚至会引发水灾。在这样变幻莫测的气候条件下，抗旱的植物、分散的灌木和树木能有效维护生态平衡，使肉食性动物和草食性动物保持数量上的平衡。

▼斑鬣狗

斑鬣（liè）狗被喻为清道夫，它们以其他捕食者餐后残留的尸体为食。但它们也会集体捕猎。夜晚出洞觅食之前，它们会聚集在一起齐声嚎叫，叫声令人感到恐惧。这叫声起先低沉、沙哑，接着会变成令人毛骨悚然的尖叫。

▲ 非洲艾虎

非洲艾虎喜欢独居，饮食范围很广，包括啮齿类动物、野兔、爬行动物、昆虫、鸟类及鸟蛋。它身上有黑白相间的条纹，像是在警示捕食者：如果你吃下我，也许你会后悔的！在遇到攻击时，它们会向捕食者的脸部喷射刺鼻的液体。

▼ 白眉鸦鹃

天色渐晚，已接近黄昏，一对白眉鸦鹃站在枝头，发出悦耳的叫声。

▲ 土狼

土狼是鬣狗的近亲，但这种土狼很小且喜欢独处。图为晚间时分，一只土狼从它的洞穴中探出身来，准备外出觅食。它的牙很小，爪部无力，所以一般以昆虫、白蚁、幼虫为食。

▲ 南非穿山甲

南非穿山甲的脸部很尖，尾巴很长，从脸部到尾部，身长约有1米。受到威胁时，穿山甲会蜷缩成一个球体，体积只有伸展开的一半，尾部可以用来保护柔软的下腹部和头部。所有裸露在外的部分仅是身上重叠的甲片。

▼ 草原上的小型哺乳动物

下图是正在外出寻觅昆虫、植物和树根等的小型哺乳动物，从左至右依次为：帚尾豪猪、睡鼠、攀鼠；还有一只用后肢站立的斑纹草鼠、两只黑线姬鼠面面相觑，最后一只是长耳象鼩（qú）。

◀绿曼巴蛇

这是一种超级剧毒蛇，身体约有290厘米长。白天，绿曼巴蛇基本上都缠绕在树枝上，但一天中差不多有一半的时间也会在地面的"家"中活动。左图是一只绿曼巴蛇正贪婪地试图偷取鸟巢中的鸟蛋。

飞行中的蓝枕鼠鸟

夜晚

林地

林地分散在此起彼伏的大草原上，无论是哪种生活习性的野生动物，都能在此找到它们所需的食物和栖息的居所。鸟儿们在树上搭巢，哺乳动物们也能找到安全的地带藏身、休息，还可以在此捕食。蛇和蝙蝠在树枝间觅食，这样可以躲避来自地面的捕食者的袭击。

◀鼠鸟

左图中几只蓝枕鼠鸟正聚集在一起休息。除了繁殖期，这种鸟类喜欢成群地聚集在一起。之所以被称为鼠鸟，是因为它们爬行时和老鼠爬树枝的样子很相似。

▲ 松鼠

草原上的林地中居住着各种不同种类的小松鼠。无论是白天还是晚上，小松鼠们都是活跃分子，黄昏时分是它们活动最频繁的时候。它们主要以坚果和水果为食，如果能找到鸟蛋，也会以鸟蛋为食。

◀ 果蝠

左图中一只果蝠正在吃芒果。白天，果蝠要么在厚厚的树叶上休息，要么在树洞中休息，到了晚上才外出觅食。它们的嗅觉十分敏锐，在距离果树一英里的地方就能闻到果香。

▼ 猫头鹰

夜晚是不同种类的猫头鹰开始在林地中觅食的时间，它们为了吃食而辛苦劳作。猫头鹰身上的羽毛似绒毛般柔软，所以飞行时翅膀不会发出任何声音，总是可以悄无声息地接近猎物。

▶ 非洲角鸮

这是一种身材矮小的猫头鹰，身高约15厘米，分为灰色羽毛和褐色羽毛两种。

▲ 沼泽耳鸮

这种猫头鹰大部分时间都待在草地上，而不是在树上。

▲ 非洲林鸮

这是一种中等个头儿（35cm）、圆脑袋的林地猫头鹰。

▲ 食蝠鸢

食蝠鸢（yuān）只在黄昏时分出现，以蝙蝠为食。白天它们都在树上休息。

▶ 绿色的树蜷

树蜷（kuí）天生就擅长伪装自己，当它一动不动地缠绕在树上时，真的很难将它和树叶区分开来。虽然它的牙又长又细又尖，但却不会对人类构成威胁。

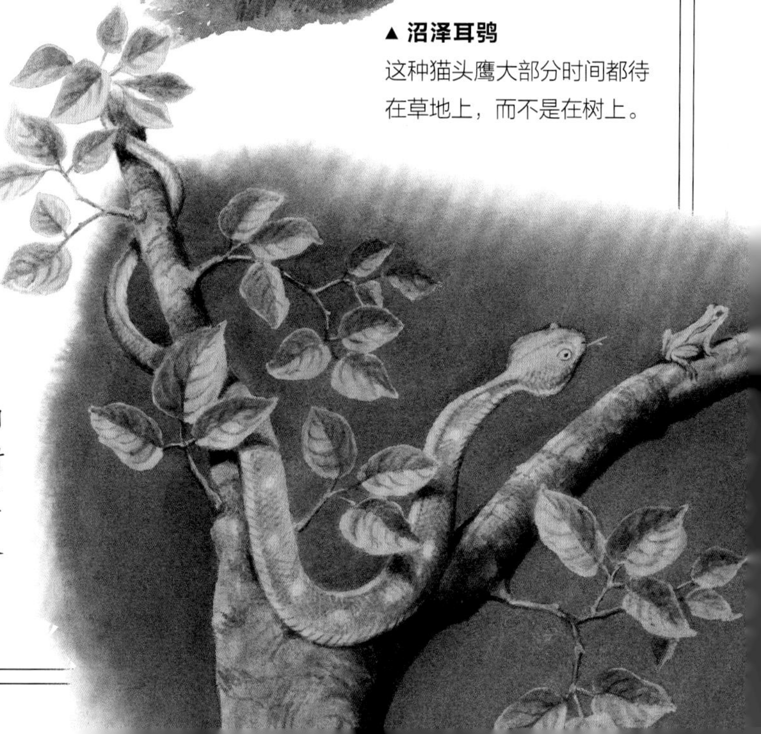

◀狞猫

狞猫壮硕有力、身材较大。它有一对又长又尖、形似麦穗的耳朵，一般在夜间活动，以鸟类和小型哺乳动物为食。狞猫捕食时专注且有耐心。图中正是它在跟踪一只兔子的情景。

夜晚

茂密的灌木丛

干燥而多刺的荆棘丛是草原的典型植物。高大的合欢树独立生长在低矮的灌木丛中，看起来与其他茂密生长的树木格格不入，但正是它们形成了多姿多彩的灌木丛，为众多动物提供了庇护所。捕食者在高空俯视时，很难发现黑暗密集处的猎物。

▶ 黑颈眼镜蛇

在捕食或遇到攻击时，黑颈眼镜蛇会通过发射毒液来保护自己。

▲点斑石鸻

在干旱的大草原上，点斑石鸻（héng）经常在夜间鸣叫。黄昏时分也能在道路或小径上发现它们的踪迹。当它们发现情况异常时，通常会蹲伏下来或爬行离开。

◀乌夜鹰

乌夜鹰是众多夜鹰中的一种，一般在黄昏时外出，在灌木丛中觅食。白天它们一般都在地面上休息，其自身具有很好的隐蔽性，不易被发现。

▼ 变色龙

下图是有三只角的变色龙，此时正值黄昏，变色龙将自己的身体变成了和地面植物相近的颜色。当有小虫出现时，它会立刻伸出长长的舌头将小虫吞入口中。

它的舌尖有浓稠的黏液，小虫子根本无法逃脱。

▲ 婴猴

可爱的婴猴宝宝白天躲在丛林的小窝里呼呼大睡，夜间它就会变得活跃起来。它是超级跳远运动员，轻松一跃就能跳出很远。硕大的眼睛也绝不是摆设，其视力极好，即便是在漆黑的深夜，它们也能把一切都看个清楚。

豹

豹是一个安静的夜间捕食者，白天它都躲在茂密的灌木丛或岩石洞穴里。豹是个狡猾的猎人，捕食各种鸟类和哺乳动物。图中展示的是一只豹正在追踪一只毫无防备的蓝麂（jǐ）羚。

▼ 夜晚的小河边

在下图中我们可以看到各种不同的鸟类，它们有的生活在水上，有的生活在水边。从左至右依次为：一群粉红背鹈（tí）鹕（hú）、两只非洲黄嘴鸭、一只水雉、两只刚起飞的琵鹭、一只正在唱歌的水石鸻，以及枝头上的一只冠翠鸟。

夜晚

水洼

无论是鸟类还是其他动物，它们在饮水时是最易受到攻击的，所以很多动物会等到夜幕降临时才外出寻找水源。傍晚时分，鸟儿们会成群聚集在河边一次喝个够，为夜间休息做充分的准备。除了在池塘、湖边以及湿地喝水，动物们还会选择在水洼处饮水。

▼ 黑冠夜鹭

这些夜鹭白天在芦苇丛中休息，夜间外出，以鱼和青蛙为食。它们捕食的时候悄无声息，一旦发现猎物，便用长而尖的喙将其捕获。

▲ 蝎子

上图是一对正在准备交配的蝎子。雄蝎提着雌蝎的两只钳子，把其推向自己刚射出的精子堆上。蝎子并不是一定要在水边生活，它们可以在任意时间、任何地方出现。

◀ 河马

白天，河马不是待在水里就是待在靠近河边的地方。到了傍晚，它们就会朝着有草的地方行进。当然了，河马总是循规蹈矩地沿着走了千百遍的老路去寻找食物，通常会行走几英里。它们的食量大得惊人！

▲ 里氏沙鸡

沙鸡要飞到很远的地方去寻找水源，尚未学会飞行的沙鸡宝宝们，只能依赖沙鸡爸爸喝水。沙鸡爸爸会把自己的羽毛浸入水中，喝完水后飞回家，沙鸡宝宝们就靠吮吸爸爸腹部湿润的羽毛解渴。多么温暖的父爱啊！

▼ 大象

大象身材高大、体态威猛，但对其他小动物却没有攻击性，甚至能够与其友好共处。大象的饮水量大到惊人，不管白天还是晚上，它们都会喝很多水。大象最喜欢站在水中戏水，并且酷爱游泳。

食蝠鸢

夜晚

全景图快捷指南

如果你想要识别大草原夜晚全景图中的动物，请使用下面这些关键数字。其中绝大多数动物都在第12~19页中重点介绍过。

沼泽耳鸮

1. 肩毛果蝠
2. 食蝠鸢
3. 非洲沙锥
4. 黑背胡狼
5. 斑鬣狗
6. 斑纹角马
7. 狮子
8. 沼泽耳鸮
9. 南非穿山甲
10. 斑纹草鼠

11. 非洲灵猫
12. 芦荟花
13. 婴猴
14. 夹竹桃天蛾
15. 蜜獾（huān）
16. 细尾夜鹰
17. 薮（sǒu）猫
18. 跳兔
19. 大耳狐
20. 大象

21. 雕鸮
22. 非洲岩蟒
23. 东非狒狒

非洲艾虎

24. 夜蝰
25. 非洲角鸮
26. 大斑獴（pú）
27. 斑纹草鼠
28. 南半球蜥虎
29. 土豚
30. 非洲艾虎
31. 热带黑伯劳
32. 土狼
33. 翱翅夜鹰

44. 点斑石鸻
45. 蝎子
46. 蝼蛄
47. 棕斑鸠
48. 非洲野猫
49. 黑冠夜鹭
50. 沼泽獴
51. 河马

▲ 点斑石鸻

34. 白眉鸦鹃
35. 大黄眼隼（sǔn）
36. 猴面包树
37. 豹
38. 乌夜鹰
39. 黑颈眼镜蛇
40. 栗颈走鸻
41. 黄翼蝠
42. 黑斑羚
43. 里氏沙鸡

▲ 河马

白天

草原上生长着各种不同种类的草，它们为不同种类的动物提供了食物。在干旱季节，草比树木更容易存活。此外，草原上火灾频繁，草的恢复能力也远远超过树木。尽管有如此多的草食性动物，但由于草的产量丰富，因此大草原仍然可以为动物们提供充足的食物。

▲ 放眼草原

捕食者和被捕食者时不时都要放眼草原，捕食者需要观察哪里有猎物，被捕食者则需要对捕食者提高警惕，时刻防范。上图中这只草地貂獴就同时扮演着两种角色。它用两条后腿站立，查看周围是否存在危险，同时，也在寻找合适的猎物。

▶ 大草原上的草食性动物

在大草原上，食草动物无处不在。不同于其他动物，它们单以植物为食，具有很强的环境适应能力。另一方面，相比肉食性动物，草食性动物看似处于弱势，但却依然能与凶猛的肉食类动物共存至今，它们是大自然中真正的战士。

▼ 长颈鹿在进食

长颈鹿的长脖子优势明显，可以吃到别的动物无法企及的、长在树木高处的叶子。它们的舌头长而有力，可以将树枝上的叶子扯下来。

▶ 大草原上的树木

长满树木的草原地带也同时生活着大量野生动物。不论是独立生长的树木还是丛生的树木，都为森林里的动物和鸟类提供了食物及居所。大象、长颈鹿和羚羊均以树叶为食。鸟儿们喜欢树上的花朵和浆果，更喜欢在枝头休息、吟唱。

▶茂密的灌木丛

大多数动物都以灌木丛中的植物为食，当然，根据它们身高和自身能力的不同，所食树木的高矮程度也不同。例如犬羚只吃最低处的小草，而长颈鹿身材高大，任何高树上的叶子都能吃到。同样，鸟类也在茂密的灌木丛中寻找食物、搭建鸟巢。其居所隐藏在层层叠叠的树木中，使巢中的小鸟可以得到充分保护。

▲多刺的树枝

多刺的高灌丛是大面积草原的典型特征。许多树种都长有多刺的树枝，这些尖刺可以对叶子起到一定的保护作用。不管是多饥饿的动物，都没有办法靠近长在这些枝头的树叶。

▲水洼和沼泽

草原上的一些特定区域每年都会发洪水。当洪水退去的时候，一些地方会留下沼泽地或浅水洼。草食性动物们会聚集在这些地带喝水。有时还能看到不同种类的动物一个挨着一个地饮水。

◀捕食平台

在水下活动的河马竟然可以为鸟类充当休息和捕食的平台。河马的背部宽大，足够鸟类栖息，由于是在河中央，看上去就像是一个小岛。左图中两只锤头鹳正站在两只河马身上捕青蛙，而一只矶鹬（yù）正在寻找昆虫。

▼猎豹

两只健康的猎豹幼崽正在吃一只汤氏瞪羚，这是豹妈妈专门为它们准备的美食。图中能够看到妈妈还在不远处为它们捕食更多的羚羊。一只猎豹的奔跑速度可达112千米/小时，是世界上奔跑速度最快的哺乳动物。

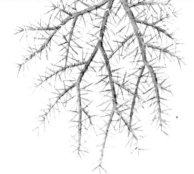

白天

干旱的大草原

非洲的开阔草原上有大量野生动物，迄今为止，仍是世界上观看野生动物自然栖息地最好的地方。在雨季将要结束时，成群的草食性动物会整装待发，雨一停它们便即刻外出寻找新鲜的草源。肉食性动物和食腐动物也会紧紧跟随着这些草食性动物。

▼白蚁

白蚁堆在草原的干旱地带很常见，它们通常都很大。每个白蚁堆都是一个复杂的空气调节系统，其内部结构非常复杂。白蚁与蚂蚁类似，也有着极其复杂的社会关系。

▲秃鹫

白背秃鹫是非常常见的一种鸟类。上图中一只白背秃鹫正在高空中盘旋，从空中搜寻地面上的腐尸。

一只巨大的、香肠状的蚁后正在被工蚁和兵蚁照料▶

▲ 蜣螂

蜣螂（qiāng láng）对草原环境的健康发展起着重要作用。它们把草食性动物的粪便混入泥土，然后将其滚成梨状球体，拖入事先挖好的地洞中深埋。通过这种方法，土壤会因吸入更多二氧化碳而变得更加肥沃。它们还能帮助清理动物尸体的残留物。

▶ 草原上的小动物

右图有两种野兔。远处的是一只草兔，生活在草原上的开阔地带。近处的是一只跳兔，一种大型啮齿类动物，后腿长而有力。它跳跃时就像一只小袋鼠，穿过高高的草地。

上图是一个蜣螂挖好的地洞，洞内有几个粪便球，粪便球的上方是卵室

▲ 草原上的鸟儿

站在草茎上的是一只雄性红寡妇鸟。这类鸟成群生活，会对庄稼造成伤害。左侧是一只雄性金胸丽椋（liáng）鸟，是色彩艳丽的椋鸟之一，它们休息时有时喜欢在树上，有时喜欢待在地面上。

一只华丽的辉椋鸟

◀ 草食性动物和谐相处

不同种类的羚羊正聚集在同一个地方欢快地吃草。每种羚羊喜欢吃的草，其种类和高度都不尽相同，所以它们之间没有任何竞争。图中展示了一片祥和的景象。远处的是牛羚，近处的是斑马，右侧是转角牛羚，左侧是葛氏瞪羚，最前方的是小型汤氏瞪羚。

◀ 非洲树蛇

这种毒蛇生活在树上和灌木丛中，以蜥蜴、鸟类和鸟蛋为食，身体长约1.8米。其毒牙在嘴的最后面，因此对人类的威胁很小。

▶ 犀鸟

这种大型鸟类有许多分支，都生活在森林地带，有一些种类的犀鸟喙部很大且形状奇怪。右图是一只银颊噪犀鸟，以树上的果实为食。

白天

林地

草原上独立生长的平顶刺槐树很常见。它们也穿插生长在林地中的其他树木之间，为许多动物和鸟类提供食物和栖息地。刺槐的形状很特别，是由于长颈鹿吃叶子的方法导致刺槐向一侧生长。

▼ 猴子

大多数种类的猴子都生活在湿润的热带雨林，但还有一些居住在草原的林地中。图中的蓝色猴子是狒狒，大多数时间生活在地面上。

眼斑织雀的巢

栗织雀的巢 ◀

▲ 织巢鸟

这类鸟因利用树枝和树叶编织独特形状的鸟巢而得名。不同种类的鸟搭建的鸟巢形状各异。一些鸟巢入口的通道又长又窄，鸟儿就是靠这样的通道来保护自己。

◀▶ 树木使视野开阔

这些狮子宝宝正在树杈上休息。在树上，它们能够时刻保持警惕，观察周围的变化和正在发生的一切。猎豹向树上爬也是在寻求最佳视野，在树木高处可以看到那些在地面上不容易看到的猎物。

◀ 啄木鸟

林地对于许多种类的啄木鸟来说都是最好的栖息地。这只东非啄木鸟正在寻找树枝上的蛆和昆虫。

▼ 大象

大象的进食习惯可以对林地造成严重的破坏。为了得到树木高处的叶子，它们会将整个树枝扯下。处于旱季时，它们甚至会挖出猴面包树中心最潮湿的部分来获取水分，这样做会导致整棵树木枯萎甚至死亡。

大弯角羚，一种大型羚羊

◄小弯角羚

这种攻击性很强的中型羚羊生活在茂密的灌木丛中，而不是生活在广阔的平原上。它们大多成对出现或以几个家庭成员组成的小家族群体出现。它们在清晨和黄昏的时候外出吃草，以树叶、嫩枝为食。

白天

茂密的灌木丛

在白天最热的时段，茂密的灌木丛可以为许多动物和鸟类提供食物和荫凉。长满鲜花的灌木丛可以吸引许多色彩艳丽的彩蝶。那些把鸟巢搭建在树枝上的鸟儿经常把花丛中的彩蝶当做美味食物。

索马里鸵鸟，一种在灌木丛中以嫩草为食的动物

▼犀牛

下图中一头黑犀牛正在吃草，它的上唇是尖尖的；右侧是一头较大的白犀牛，它也在低头吃草，与黑犀牛不同的是，它的嘴唇是宽宽的、方形的。捕猎犀牛是非法的，但是犀牛角的利益驱使人们非法捕猎，因为犀牛角具有很强的医药用途。这种行为使得犀牛正濒临灭绝。

▶ 犬羚

非洲有一些不同种类的犬羚。它们的蹄非常灵活，能够轻松地从树丛间跃过。右图中一对柯氏犬羚正在用粪堆标记它们的专属领地。

▶ 蛇鹫

这种巨大的长腿鸟有1.5米高，非常适合地面生活。在地面上，它们可以捕食蛇、小型哺乳动物和蜥蜴。它们会在荆棘树的树枝上搭建形状扁平的大鸟窝。

▶ 粉颊小翠鸟

不是所有翠鸟都生活在水边，这种粉颊小翠鸟身长只有10厘米，生活在灌木丛和林地间。除捕猎外，它们一般都在树上休息。大多数情况下它们捕食昆虫，有时也吃小蜥蜴。

▼ 珍珠鸡

非洲有三种珍珠鸡，下图为鹫珠鸡。大多数时间它们都在地面上活动，成群地穿梭在低矮的灌木丛中。

▶ 长颈羚

这种羚羊的脖子很长，生活在干燥的灌木丛中，常用前腿破坏树枝、后腿保持平衡，以这样的方法吃到树叶。在长颈羚身上有一种奇怪的现象，就是它们从不需要喝水。

▼ 水洼

许多种类的动物都会到草原的水洼边饮水。有些动物喜欢站成一排，一个挨着一个地喝水，其他一些动物在排队等候。图片中有东非狒狒、水牛、长颈鹿、斑马、貂羚和大弯角羚。

白天

水洼

只要是有水的地方，不管是最小的水洼，还是望不到边的大湖，都会有大量野生动物聚集。鸟儿把鸟巢搭建在靠近水边的植被上，以鱼和小型两栖动物为食。动物们聚集在岸边喝水。河流、湖泊也为河马提供了生活的居所。

非洲海雕 ▲

▲ 河马

大型河马白天懒洋洋地待在水里。雄性河马的争斗异常激烈，争斗过程中双方都会张开血盆大口，露出锋利无比的獠牙。河马之间的争斗非常血腥，最后总会有一方死去。

▶ 纸莎草

丛生的纸莎草芦苇可以形成一道天然屏障，隔开陆地和水域。这种芦苇高达6米。早期的埃及人就是用这种纸莎草做成书写用的纸张。

▶ 水鸟

在湖边可以看到大量鸟类，左边的是一只黄嘴鹮（húan）鹮，近处是一只鞍嘴鹳，站在树枝上的是几只鸬鹚和一只黑头鹭。

灰冠鹤

▲ 食卵蛇

一般情况下，在森林和草原中发现这种蛇都会是在河边，因为它们喜欢在那里寻找织巢鸟的鸟蛋。它先从口部把整枚蛋吞下，再以喉间肌肉的力量把蛋推进体内。在经过食道时，蛋壳会被骨质物捣碎。接着，食卵蛇会小心地榨取卵中的汁液，进食完毕后再把蛋壳吐出。

▼ 鳄鱼

这种大型尼罗鳄是极其凶残的捕食动物，它们的下巴有力，同时还有锋利的牙齿。别看它对外是一副狰狞的面孔，鳄鱼妈妈也有温柔的一面。它会轻轻地把鳄鱼宝宝含在嘴里，从居住地将它们带到水边喝水。尽管它们的牙齿十分锋利，却完全不会伤害到孩子们。

非洲白背秃鹫

白天

全景图快捷指南

如果你想要识别大草原白天全景图中的动物，请使用下面这些关键数字。其中绝大多数动物都在全景图之后的第28~35页中重点介绍过。

21. 蝼蝈
22. 杂色花蜜鸟
23. 芦荟花
24. 飞龙蜥蜴
25. 青凤蝶
26. 长尾黑颚猴
27. 绿曼巴蛇
28. 黑线姬鼠
29. 红脸地犀鸟
30. 非洲野狗

1. 灰冠鹤
2. 杰氏巧织雀
3. 伊兰羚羊
4. 侧纹胡狼
5. 非洲侏羚
6. 非洲獴
7. 蝎子
8. 非洲白颈鸦
9. 非洲白背秃鹫
10. 黑白兀鹫

11. 皱脸秃鹫
12. 栗头丽椋鸟
13. 蓝枕鼠鸟
14. 转角牛羚
15. 大象
16. 汤氏瞪羚
17. 斑鬣狗
18. 红嘴牛椋鸟
19. 大弯角羚
20. 钟纹陆龟

31. 猎豹
32. 斑马
33. 狮子
34. 黑头织雀
35. 非洲秃鹳
36. 南非红松鼠
37. 牛背鹭
38. 小长尾鸠
39. 棕斑鸠
40. 埃及秃鹫

41. 戴胜鸟
42. 美洲豹和捕杀的黑斑羚
43. 斑纹角马
44. 鸵鸟
45. 黑犀牛
46. 狮子
47 珂粉蝶
48. 黄颈裸喉鹧鸪
49. 犬羚
50. 变色龙

61. 红蜂虎
62. 红弯喙犀鸟
63. 黑脸织雀
64. 食卵蛇
65. 非洲海雕
66. 长颈鹿
67. 埃及鹅
68. 尼罗鳄
69. 锤头鹳
70. 河马

眼斑织雀的鸟巢

51. 林地翡翠
52. 东非狒狒
53. 蛇鹫
54. 迪氏水羚
55. 猴面包树
56. 凤蝶
57. 非洲水羚
58. 长颈羚
59. 水牛
60. 黑喉肉垂麦鸡

71. 纸莎草
72. 疣猪
73. 黑斑羚
74. 地牯牛
75. 蚂蚁
76. 矮獴
77. 蓝胸佛法僧

黑犀牛

词汇表

保护色：动物自身的颜色，使其能够融入周围的环境中而难以被发现。

觅食：寻找食物。

栖息地：动物生活的地方和条件。

迁徙动物：经常从一个栖息地搬到另一个栖息地（通常是较长距离）的动物。

迁徙：随着季节变化的迁移。

夜行性：白天休息，晚上出来活动的习性。

捕食者：以捕食其他动物为食的动物。

热带大草原：非洲被草覆盖的广阔平原。

食腐动物：以捕食者留下的尸体为食的动物。

麦穗耳朵：耳尖额外长出一簇毛的耳朵。

索引

森林里的日与夜

［英］苏珊·巴雷特　　［英］彼得·巴雷特／著

马言／译

如何使用本书

1 第6~7页介绍了森林里的白天。

2 翻开折页左右两边的襟翼,能看到第8~11页,这是一幅关于森林白天的4页全景图。

3 第12~19页详细介绍了森林中的日行性动物,这些动物在第8~11的全景图中都曾出现过。

4 第20~21页是森林白天全景图的快捷指南,每种动物旁边都标有序号,上方及下方的文字说明能帮助小朋友快速复习之前学习过的每一种动物。

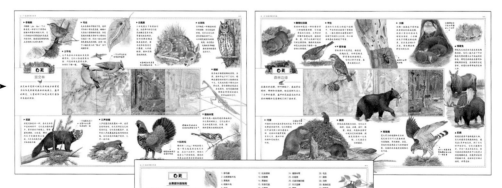

5 "森林的夜晚"也可以按照以上方法阅读。祝大家的森林之旅愉快!

目录

白天

森林覆盖了地球上百分之三十的土地。这本书中所呈现的是地球北部森林的情况。在冻原以及极地这样极其寒冷的不毛之地以南，森林成为了大多数野生动物的食物来源和庇护所。无论地处北美、欧洲还是亚洲北部地区，森林里的树木、植被、哺乳动物、鸟类以及其他各种小动物们都已经形成了一个固定的生态圈，世代繁衍。

▲ 树的种类

在北部森林中有两种树是最常见的，一种是像针叶树这样四季常青的树木（如枞木、云杉、松树）；还有一种是阔叶树，它们像橡树一样在秋季时落叶。

◀ 地图

地图中的绿色部分显示出了地球北部地区森林的分布情况。

◀ 针叶林

针叶林是由生长密集的常青树构成的。虽然茂密的针叶林中阳光并不十分充足，但这并不影响其吸引很多动物前来觅食和居住。这包括几乎所有的哺乳动物和鸟类，从白足鼠到赤狐，从啄木鸟到火鸡。

▼ 枯木、菌类、地衣和苔藓

它们在整个森林的生态系统中扮演着很重要的角色。枯木是昆虫幼体的食物，其腐烂后渗入到土壤中为菌类的生长提供了温床。地衣和苔藓则为数不清的昆虫及其幼虫提供了栖息地。

▼ 混交林

在世界上的某些地方，阔叶树和针叶树往往生长在同一个区域，这便形成了混交林。混交林为树木的生长提供了理想的环境。

▲ 果实、叶子和种子

图片中所展示的是云杉和松树的枝叶、果实，长着橡子的橡树枝叶，以及枫树的枝叶。橡子和种子是通过动物来传播的。有些动物会在进食的过程中遗落一些种子；还有一些会把没吃完的果实埋到地下而忘记再挖出来。这样，橡子和种子便会在土壤中生根发芽，长成参天大树。

▲ 森林边缘

在森林的边缘地带，树木逐渐稀疏。大片的开阔地为各种野生动物提供了不同类型的栖息场所。

◀ 灌木、蕨类以及开花植物

在阳光可以照射到地面的地方，腐败的落叶和树枝化作养分滋养了土壤，使得这里的灌木、草丛以及开花植物旺盛生长。这些植物又为大量的昆虫、鸟类以及小动物们提供了食物，比如花蜜、浆果和种子。

◀ 密林

在一些比较隐蔽的山谷中，树木往往生长得非常密集。在密林中，因为得不到充足的阳光，生长在大树下的灌木非常少。

◀ 白足鼠

白足鼠喜欢把窝建在树洞和地洞里，它们会把坚果和种子藏于其中。这种小动物在美国是很常见的，不同的种类颜色迥异。

一只白足鼠正在往树洞里搬运种子。

▼ 黑尾鹿

这种大型的鹿在密林中是不常见的。它们会在寒冷的季节出来寻找栖息地。在争夺异性的斗争中，鹿角是雄鹿的有力武器，但是它们很少会把对方伤得很重。

白天

针叶林

在我们所生活的地球北部，茂密的针叶林占据了很大一片区域。针叶树的树叶从不会掉光，所以针叶林的地面缺少阳光，也很少有其他植物生长。树上的球果为小动物和鸟类提供了很好的食物。

◀ 绒啄木鸟

这是森林中很常见的一种啄木鸟，人们在公园以及花园里也能发现它们的身影。绒啄木鸟是体型最小的啄木鸟，雄鸟的头部会长有一束红色的羽毛。

▶ 隐夜鸫

隐夜鸫（dōng）拥有北美森林鸟类中最动听的歌喉。夏季时，它们以森林中的昆虫为食；冬季则以植物的芽和浆果充饥。

春天，一只雄性隐夜鸫正在歌唱

◀ 赤狐

赤狐每胎大概生5到6个幼仔。父母通常会把食物带回洞穴来喂养幼崽。随着幼崽逐渐长大，父母会教给它们如何狩猎，直至它们可以独立生活。

雄鹿在战斗中以
鹿角作为武器

▼ 狐松鼠

狐松鼠的颜色较多，但它们的耳朵和鼻子通常是白色的。这些小家伙们善于在地面上寻找食物并储存食物。它们喜欢把坚果和橡子埋在土里，找不到自己的埋藏地点是时有发生的，而这却又给森林的繁衍提供了机会，因为这些种子可以孕育出新的树木。

▶ 北美黑啄木鸟

它们是森林里最大的一种啄木鸟，但是很少被发现，因为北美黑啄木鸟喜欢生活在密林中。当然，它们本身也是一种非常稀有的鸟类。像所有啄木鸟一样，它们用喙敲击树干来寻找昆虫。

一只啄木鸟妈妈正在给它的孩子们喂食

◀ 银毛蝠

这是一种非常漂亮的蝙蝠。白天，它们或在树下或在树洞里休息，有时甚至会藏到废弃的鸟巢里。独居是它们忠爱的生活方式，有时也会几只生活在一起。每当冬季来临，这些蝙蝠便迁徙到南方。

一只冠蓝鸦正在把橡子埋到落叶里

▲ 野生火鸡

野生火鸡生活在密林里，它们是家养火鸡的祖先。遇到异性时，雄火鸡会大声鸣叫，昂首阔步地走到异性面前，打开扇面形的尾翼。一只雄火鸡往往有很多伴侣。

◀ 冠蓝鸦

虽然冠蓝鸦更喜欢生活在橡树林里，但是在针叶林中我们偶尔也可以看到它们或听到它们尖锐的叫声。像狐松鼠一样，冠蓝鸦也会把橡子埋于地下而忘记挖出来，使得种子可以生根发芽，长成大树。

◀褐色旋木雀

这是一种非常少见并且十分害羞的鸟类，叫声非常温柔。它们喜欢在树干、树皮的后面或是树上的裂缝中筑巢。觅食时，这种小鸟用细长而弯曲的喙在树皮的裂缝中啄食昆虫。

▲ 东美花鼠

这种鼠类在树林中很常见，它们善于在地面上挖洞以储存坚果和种子。东美花鼠长有颊囊，可以帮助它们将食物带回洞穴。虽然它们善于攀爬，但是东美花鼠主要还是生活在地面上。

白天

密林

在森林中的一些地方，树木生长得非常密集，这便形成了密林。密林一般是由针叶树和阔叶树构成的，它们的种子和花朵为很多小动物提供了食物。在密林中生活着各种鸟类，坚果、种子、昆虫甚至其他一些小型鸟类，都是它们的美味。

▼ 黑鼠蛇

黑鼠蛇最长可以长到2米。它们是以身体缠绕对手并将其致死的捕猎者。这种蛇在农场里比较常见，森林也是它们比较理想的栖息地。黑鼠蛇喜欢在白天活动，而大型啮齿类动物是它们主要的狩猎对象。

一条黑鼠蛇正在吞食一只老鼠

▶白胸䴓

白胸䴓（shī）是一种普通的美国燕雀。它们的尾巴很短，却可以在树干上灵巧地活动，捕食昆虫。坚果也是它们理想的食物，白胸䴓坚硬的喙能轻而易举地打开坚果的壳。

◀ 棕榈鬼鸮

白天，棕榈鬼鸮常常栖息于树洞或者茂密的树叶之间。这种小动物的警惕性不是很高。每当繁殖季节来临，它们会发出一种非常尖锐的叫声，棕榈鬼鸮的名字也正来源于此。

▼ 松金翅雀

它们以针叶树、桤树以及菩提树的种子为食。这种鸟类常常在针叶树的树杈上用嫩树枝、树皮和羽毛搭建鸟巢。

松金翅雀总是成群而出

◀ 纹腹鹰

纹腹鹰虽然个头不大，但是飞行速度快如闪电。丰满的羽翼和长长的尾巴是它们的标志。这种鹰可以算得上是捕猎高手，鸟类是它们的最爱。纹腹鹰善于伏击，一旦发现猎物，便会极速冲出，并用修长有力的爪子将其降伏。

纹腹鹰用利爪擒获一只林莺

一只在蜂巢外的大黄蜂

▲ 大黄蜂

大黄蜂从森林的花朵中采蜜，完成对花的授粉，同时也能像蜜蜂一样蜇人。它们的巢很小，工蜂负责在巢里照顾幼虫和蛹。

▶ 蝴蝶

蝴蝶以生长在森林边缘的蓟类和矢车菊的花蜜为食。图中便是黄色燕尾蝶（右上图和右下图）和豹纹蝶（右中图）。

▼ 森莺

森莺属于小型鸣禽，身长只有11厘米。它们生活在潮湿的针叶林中，每次可以在自己柔软的鸟巢里产4到5个白底褐斑的鸟蛋。

一只蝴蝶正在吸食花蜜

▶ 冬鹪鹩

冬鹪鹩（jiāo liáo）可以像老鼠一样穿行于厚厚的植被和掉落的树枝之间。它们用树枝和苔藓建造的鸟巢是半球形的，搭建鸟巢理想的地点是树洞以及树木根部。

▶ 毛虫

毛虫在森林中随处可见，这种可怜的小家伙是鸟类、蝙蝠以及其他小型动物的美食。但是高超的伪装术有时可以帮助它们逃过一劫。比如一些毛虫的颜色看起来很刺眼；还有一些可以通过身上的"眼点"来吓跑捕食者。

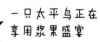

▶ 太平鸟

太平鸟在北方的森林里是很稀有的，它们以各类浆果为食。闪亮的羽毛富有光泽，如同打了蜡一般。

一只太平鸟正在享用浆果盛宴

白天

混交林

混交林中有阔叶树生长的地方会有更多的阳光照射到森林的地面上。盛开的鲜花、大量的种子和昆虫吸引着各种鸟类的到来。

▶ 貂鼠

貂鼠是鼬鼠的一种，喜欢生活在中空的树洞中。它们是凶猛的猎手，常常潜伏于树梢上，等待捕捉猎物，如松鼠。锋利的爪子使猎物难以逃脱，而长长的尾巴则用来保持平衡。

一只貂鼠发现了鸟巢中的鸟蛋，即将饱餐一顿

▼ 三声夜鹰

三声夜鹰是欧夜鹰的一种，通常在夜间活动，白天则待在自己的窝里休息。它们是伪装高手。成年的三声夜鹰选择在夜间喂食幼鸟，白天幼鸟们则藏于窝里，几乎一动不动。

▶ 白尾鹿

小白尾鹿生下来便会行走，但是乖巧的它们还是会躲在窝里不动，等着妈妈来喂食。任何的挪动都是极其危险的，因为这很容易使它们暴露，从而被狐狸、狼和熊轻易地捕捉到。

白色斑点的毛皮是它们伪装的外衣 ◀

▶ 长耳鸮

长耳鸮是一种典型的夜行性动物。白天休息的时候，它们让自己的身体紧贴在树干上，从而避免被其他动物发现。来无影去无踪的长耳鸮在森林里的数量其实并不少。

▼ 螳螂

很多地方都有螳螂的身影，当然，森林中也少不了它们。螳螂在捕食的时候可以做到耐性十足，完美地伪装于灌木丛和草地里。每当猎物出现在攻击范围内，动作灵敏的螳螂便会用有刺的前足牢牢地钳住它们。

▼ 橙胸林莺

这种鸟类一般把窝建在离地面25米之高的树杈上。它们主要以昆虫和浆果为食。冬季，橙胸林莺便迁徙到南美洲。

橙胸林莺妈妈正在给幼鸟喂食毛虫 ▶

◀ 枞树鸡

雄性枞（cōng）树鸡会像火鸡一样立起尾羽来吸引异性。在这个过程中，雄鸡们还会上下抖动鸡冠。漂亮的外表往往使异性变得温顺而且容易接近。

雄性枞树鸡正在吸引异性

◀美南松田鼠

美南松田鼠是一种体型非常小的啮齿类动物。它们通常在白天活动，大部分时间都用来挖地洞。植物的根、茎、种子以及树叶是它们的主要食物。勤快的美南松田鼠也会在地下储存一些食物以防挨饿。

▶甲虫

在枯木化为泥土的这个过程中，甲虫的幼虫扮演了重要角色。一些大型幼虫通常在树干和倒下的树木上打洞，而小幼虫则喜欢在树皮下啃食。

◀▼紫朱雀

紫朱雀并不是紫色。雄雀是玫瑰红色，而雌雀则是带有条纹的棕褐色。它们以种子为食，春季迁徙到北方。

白天

森林边缘

在森林的边缘，针叶树较少。溪流穿过桤树、桦树和白杨树，给这些树木注入了生命的能量。盛开的花朵甚至把村庄里的蝴蝶和鸟类都吸引到了森林里。

▶河狸

河狸的活动对森林景观的形成发挥着重要作用。它们用锋利的牙齿咬断小树来建造水坝。这些水坝通常有数百米之长，森林中的池塘和空地因此形成。

忙碌的河狸正在工作中

▶黑熊

黑熊在夜间较为活跃。它们从不挑食，昆虫、水果、树叶、根茎、树皮、肉类和鱼都可以成为它们的食物。捕鱼是熊类的一大本领，三文鱼是它们的最爱。

▶ 水獭

水獭一般栖息于有河流或者湖泊的林地边缘。这些小家伙们在白天时较为活跃。小水獭出生于河堤边的地洞里，在出生后的8个月里，母水獭会照料它们的生活。

水獭洞的出口在水平面的上下均可

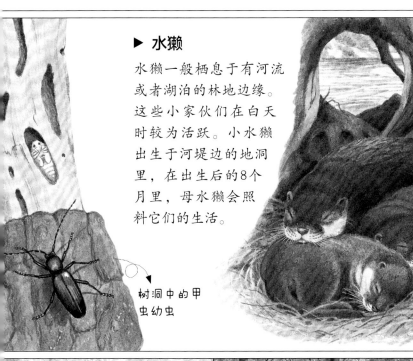

树洞中的甲虫幼虫

▲ 棉尾兔

棉尾兔无论是白天还是黑夜都很活跃，它们一般只在下午时躲在茂密的灌木丛中或地洞里休息。棉尾兔妈妈会在黎明和傍晚喂食幼崽。在妈妈外出觅食时，幼崽们会乖乖地待在洞穴中。

▶ 宽翅鹰

宽大有力的翅膀和长长的尾巴使它们可以在森林里任意翱翔，寻找猎物。老鼠、青蛙和蛇类都是它们的狩猎对象，迅猛的攻击速度使猎物无处可逃。

这只小老鼠将是宽翅鹰宝宝们的下一顿美餐

▲ 驼鹿

驼鹿在鹿类中堪称庞然大物。巨大的鹿角是雄鹿的标志。鹿角在4月开始生长，到了冬天时开始分叉。它们以植物为食，并且一直生活在水边，因为溪流或湖泊的水可以把身上的苍蝇驱赶走。驼鹿有时会变得暴躁不安，这时的它们难以接近，非常危险。

白天

全景图快捷指南

如果你想要识别森林白天全景图中的动物，请使用下面这些关键数字。其中绝大多数动物都在第12~19页中重点介绍过。

毛虫

1. 银毛蝠
2. 北美黑啄木鸟
3. 黑尾鹿
4. 绒啄木鸟
5. 赤狐
6. 隐夜鸫

河狸

7. 白足鼠
8. 火鸡
9. 狐松鼠
10. 冠蓝鸦
11. 松雀

银毛蝠

宽翅鹰

夜晚

夜间的森林是一个黑暗而神秘的世界，并非一片寂静。很多动物和鸟类白天在树洞中或茂密的灌木丛中得到了充足的睡眠，晚上正是它们出来活动和觅食的时间。蝙蝠和猫头鹰在树丛中悄无声息地穿行而过，飞蛾们则开始吸食树汁和花蜜。

▲ 花在白天和夜间的授粉

对于即将变为果实的花朵来说，授粉是一个必不可少的过程。鸟类在这个过程中扮演了重要的角色。它们在捕食昆虫时经常不经意间传播了花粉。而在夜间，飞蛾和其他昆虫在吸食花粉花蜜时也间接地帮助花朵完成了授粉。

▲ 黑暗中的猎手

猫头鹰拥有一套完美的夜间视觉系统，但真正帮助它们定位猎物的却是听觉系统。

▲ 针叶林

在针叶林中生长的灌木丛和开花植物很少，因为阳光很难穿透茂密的树木照射到针叶林的地面上。

◀ 密林

密林在夜间是格外黑暗的。极其茂密的树木给捕猎者的捕猎活动增加了很多难度。

◄ 混交林

在混交林中，夜间活动频繁的动物种类与白天极为不同。正因如此，森林总是充满了活力。

▼ 夜间视力

很多夜行性哺乳动物和鸟类都会用特殊的夜视系统来帮助自己在夜间行动。这些动物的瞳孔有一个特点，就是能够随着光线的变暗而放大。下图可以清晰看到这只猞猁的瞳孔变化。当白天光线充足时，猞猁的瞳孔呈线状；而在夜间，瞳孔几乎占据了整个眼球。

白天　　黑夜

▼ 森林边缘

在森林的边缘地带，树木逐渐稀疏。夜间，月光穿透森林，洒在大地上。

▲ 回声测距

在夜间黑暗的环境里，蝙蝠用它们特有的回声测距能力来定位目标以及猎物。它们会发出一连串尖锐的叫声，再用灵敏的耳朵收集回声。

◄ 树中的家

小动物们总是善于把它们所能找到的地方当做巢穴。树干上的树洞是啄木鸟的杰作；腐败的树枝以及掉落的树杈堆也会被挖很多洞。在树根里甚至也可以发现动物的巢穴。

◄ 银毛蝠

其实银毛蝠的毛发是黑色的，只是在毛发的末端变为银色。它们经常选择在子夜外出，小溪和河流的浅滩是它们常常出没的地方。银毛蝠以昆虫为食，飞蛾和苍蝇是它的最爱。

▲ 赤狐

赤狐的听觉系统很发达，可以帮助它们在夜间的针叶林里轻松捕获猎物。啮齿类动物是它们主要的攻击目标。赤狐先是依靠听力仔细判断，然后突然跳起并用前爪扑向猎物。

夜晚

针叶林

猫头鹰的叫声打破了夜晚针叶林的寂静。在洞穴和灌木丛中休养了一天的动物们出来觅食了。森林精彩的夜间活动拉开了序幕。

▼ 加拿大臭鼬

小臭鼬在幼年时跟随在妈妈身边，臭鼬妈妈会教给孩子们如何觅食

这种臭鼬皮毛上醒目的黑白条纹仿佛是在发出警告：请勿打扰。每当危险来临，它们会大声咆哮，并用前爪站立，就像倒立一样。如果遇到危险情况，加拿大臭鼬便会从尾部下方向敌人喷出一种恶臭的液体，这种臭味相当强烈并可以持续很长时间。

◀ 白尾鹿

每当白尾鹿发现危险时，它们会把尾巴像旗子一样立起来，向其他同伴发出警报。

白天，在足够安全的环境里，白尾鹿会偶尔出来活动一下，但它们通常选择在夜间进食。黎明之前，它们会选择一片茂密的灌木丛栖身，一待就是一整天。

▲ 长尾鼬

鼬是一种非常凶猛的捕食者，能捕食比它们体型大很多的猎物。鼬喜欢用后肢站立，眺望远方来发现食物或者危险。在地球的北部地区，长尾鼬在冬天会变为白色。

▲ 林鸮

林鸮生活在潮湿的森林里。它们白天在安全的环境里休养生息，晚上则精力充沛地捕捉啮齿类动物、鸟类、青蛙或者小龙虾作为食物。它们的叫声很奇特，洪亮且富有节奏感。与其他猫头鹰不同的是，林鸮的眼睛是黑色的。

▶ 春雨蛙

这是一种非常小的蛙，成年的春雨蛙身长也不过约2.5厘米。在美国的东部地区，春雨蛙随处可见。春雨蛙的颜色较多，有灰色、褐色，也有一些是绿色。它们的叫声高亢悦耳，尤其是雄性，它们喜欢不断地交替鸣叫。

轻巧的春雨蛙可以伏在叶片上 ◀

▶伏翼

伏翼体型很小，它们通过回声测距来捕捉小型昆虫。像其他蝙蝠一样，伏翼会不间断地发出叫声，利用回声来掌握周围的情况。

▶飞蛾

夜晚来临，不同种类的飞蛾都出来觅食了。大部分飞蛾可以把自己伪装得很好（图中上部和右部）；还有一些飞蛾的后翼上长有类似眼睛的花纹（图中左侧），这可以帮助它们在危险来临时吓退捕食者。天蛾（下图）颜色鲜艳，以花蜜为食。

夜晚

密林

夜晚，飞蛾和蝙蝠出来觅食，而猫头鹰则悄无声息地捕捉着啮齿类动物。大型动物，如黑熊，也开始漫步于森林之中寻找食物了。

两只小熊正在觅食

◀黑熊

在阴影中，黑熊的毛色会由暗棕色变为黑色。它们多在夜晚活动。这些家伙们几乎无所不吃，任何东西都可以成为它们的食物。在图中我们可以看到一只黑熊（左）正在腐烂的树根中寻找食物；而另一只黑熊则在吃花楸上的红莓。

▲ 白足鼠

白足鼠在夜间是极其活跃的。这些小家伙会用柔软的草把洞穴铺得很舒服，雌性白足鼠每年可产4窝，每窝最多8只幼崽。

一只长耳鸮
▶ 妈妈正在给
小鸟们喂食

▲ 长耳鸮

长耳鸮经常出没于常绿林中。它们选择在夜间捕猎，而地面上的各种啮齿类动物是它们的主要目标。轻盈的飞行使我们只能从叫声发现它们的存在，它们的叫声绵软而不间断。

▲ 棕榈鬼鸮

这种小猫头鹰身长只有20厘米。它们只在夜晚活动，以啮齿类动物为食，白天则栖息于森林之中。蓬松的羽毛使它们飞行时悄无声息。

▼ 普通树蛙

普通树蛙也被称为灰树蛙，因为它们的皮肤是灰褐色的。完美的保护色使它们趴在树枝上时很难被发现。夏季，树林中的小溪边是它们最喜欢聚集的地方。

树蛙的蝌蚪是
金色的，长有
红色的尾巴 ▶

▶翼蛾

白天的时候，翼蛾通常伪装起来藏在各类植被中。夜间，它们则出来吸食花蜜和树的汁液。以黄翼蛾（右图）为例，它们在飞行时会露出色彩斑斓的后翅，这有利于迷惑捕食者。翼蛾还拥有一种特殊的听力器官，能够感知到蝙蝠发出的高振幅叫声，这可以帮助它们躲过致命的攻击。

▶莹鼠耳蝠

这类蝙蝠善于利用它们的尾膜来捕捉飞蛾。莹鼠耳蝠夏季时喜欢藏身于废旧的房屋里或树上避暑；而在冬天，它们则蛰伏在洞穴中。

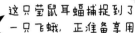
这只莹鼠耳蝠捕捉到了一只飞蛾，正准备享用

夜晚

混交林

夜晚，猫头鹰和欧夜鹰的叫声打破了森林的寂静，丛林狼的嗥叫声和狼群的附和声回荡于森林之中。傍晚时遍布森林的蝙蝠是捕猎的高手，但是人类是听不到它们高振幅的尖叫声的。

一只浣熊正在溪流边觅食

◀浣熊

浣熊白天大多躲在树上休息，晚上则独自出来活动。它们经常把爪子浸在水里来锻炼自己的触觉能力。小溪边是浣熊理想的捕猎地点，聪明的小家伙会把溪流里的石头翻过来寻找藏身于石头下的小虾、小鱼和乌龟。

▲三声夜鹰

三声夜鹰在夜间捕食昆虫时通常是悄无声息的。它们的喙可以张得很大，喙角长有坚硬的鬃毛，在捕食时可以形成一张大网，使昆虫无处可逃。

▼ 丛林狼

黄昏时分，丛林狼会发出嗥叫，这是在向同伴发出一起打猎的信号。夜间，它们仍会通过叫声来保持着家族成员之间的交流。丛林狼是犬科犬属的一种，外表与狼极为相似，但体型却比狼要小，并且不像狼一样大规模群居。丛林狼的食物范围非常广，饿急了的时候甚至会吃腐烂的动物尸体。它们也会捕食体型较大的猎物，例如鹿。

▼ 火鸡

夜间，火鸡们常常栖息于水边的林地中，因为这可以给它们带来更多的安全感。它们是美国最大的猎鸟，身长可以达到1.2米。白天里，火鸡们常常三五成群地漫步于森林中，种子和昆虫是它们理想的食物。

▼ 天蛾

天蛾分为很多种，它们体型较大，而且通常长有颜色鲜亮的后翅。进食的时候，它们喜欢像蜂鸟一样盘旋在植物的上方，然后把长长的舌头伸进盛开的鲜花中去吸食花蜜。

◀ 猞猁

猞猁是一种喜寒的猫科动物，大多分布于北方的草原及荒漠地带，也有一些生活在森林中。它们的主要食物是各种野兔。猞猁是典型的夜间猎手，白天则主要用于休息。

傍晚时分，天蛾正在吸食喇叭花的花蜜

◀锄足蟾

锄足蟾的皮肤比普通蟾蜍的疣状皮肤要光滑得多。它们的后爪长有坚硬的角质垫，锄足蟾的名字也来源于此。有力的后爪是打洞最好的工具。在地下洞穴中，它们一待便是几个月。锄足蟾的瞳孔和猫类似，在光线变暗时可以放大。在类别上，这些小家伙们属于蛙类。

夜晚

森林边缘

夜幕降临，动物们从巢穴里出来活动了。老鼠、青蛙和蟾蜍，这些在夜间活动的动物白天时很难见到。此时，栖息于森林边缘的动物们开始进入森林深处寻找食物和巢穴。

豪猪正准备攻击一只浣熊

▲ 白足鼠

无论在白天还是黑夜，老鼠都是森林里最常见的哺乳动物。它们以种子、坚果、水果以及昆虫为食，同时也是大型动物和鸟类的捕食对象。

▶ 豪猪

豪猪一般在夜间独自活动。它们善于攀登，一般以树叶、嫩枝和树皮为食。当危险来临时，豪猪可以马上进入到战斗状态。锋利的棘刺瞬间张开，并用尾巴对准敌人。这种动物是很难对付的。

一只貂正在松枝上追捕一只狐松鼠

▼ 美洲雕鸮

在感受到威胁时，美洲雕鸮会蹲在树枝上，展开自己的翅膀，使羽毛张开，展现出作战姿态。这是一种可怕的猎手，它们会悄无声息地迅速扑向猎物，使猎物无处可逃。

◀ 貂

貂在白天和晚上都很活跃。它们善于潜伏在树梢上等待猎物，松鼠和鸟类是它们主要的捕猎对象。有时它们也会吃鸟蛋、兔子、老鼠甚至是水果和坚果。

▲ 灰蓬毛蝠

这种大型蝙蝠白天倒挂在常青树上。它们深夜出来活动，而且喜欢独来独往，所以很难被发现。飞蛾是灰蓬毛蝠的主要食物。冬季来临时，它们会迁徙到南方。

▶ 水獭

水獭在白天和夜晚都会出来寻找食物。它们是名副其实的游泳健将，在水下可以坚持数分钟之久。各种鱼类都可以成为水獭的美食，但它们最喜欢鳗鱼。每次捉到猎物之后，便会把猎物拖到河堤上慢慢享用。

夜晚

全景图快捷指南

如果你想要识别森林夜晚全景图中的动物，请使用下面这些关键数字。其中绝大多数动物都在第28～35页中重点介绍过。

莹鼠耳蝠◀

浣熊

普通树蛙

1. 银毛蝠
2. 白尾鹿
3. 加拿大臭鼬
4. 长尾鼬
5. 春雨蛙
6. 赤狐
7. 林鸮
8. 伏翼

17. 火鸡
18. 猞猁
19. 红翼蛾
20. 天蛾
21. 浣熊
22. 丛林狼
23. 三声夜鹰
24. 莹鼠耳蝠

天蛾

9. 长耳鸮
10. 黑熊
11. 白足鼠
12. 普通树蛙
13. 天蛾
14. 黄翼蛾
15. 蝙蝠蛾
16. 棕榈鬼鸮

25. 貂
26. 锄足蟾
27. 美洲雕鸮
28. 豪猪
29. 灰蓬毛蝠
30. 水獭
31. 白足鼠

火鸡

词汇表

灌木丛：密集的灌木或树丛。

伪装：动物的自然色与周围环境颜色一致，从而达到隐身的目的。

遮盖：树顶的枝条和叶子对下部形成遮挡作用。

驯养：动物适应了和人类生活而不是自然界。

生态学：一门研究动物和植物与其环境相互关系的科学。

栖息地：动物生活的地方和条件。

幼虫：新孵化的小虫。

迁徙：随着季节变化的迁移。

夜行性：白天休息、晚上出来活动的习惯。

杂食：以各种食物为食，肉类、鱼类、植物、蛋类等。

捕食者：捕食其他动物为食的动物。

蛹：昆虫从幼虫发展为成虫之间的一个阶段。

栖息：休息或睡觉的地方。

独居：大部分时间单独活动。

冻原：靠近北极的地方，气候寒冷干燥，很少有树木生长，动植物稀少。

索引